U0610210

国家骨干高职院校工学结合创新成果系列教材

机电一体化技术应用

主编　陈炳森　陈吉祥
主审　高　平　梁建和

中国水利水电出版社
www.waterpub.com.cn

内 容 提 要

本书采用任务驱动的教学设计，通过"做、学、教一体化"模式组织教学，显现出鲜明的高等职业教育特色。全书由 8 个项目 20 个任务组成。项目 1 为单片机基本端口操作，项目 2 为波形发生器与数据采集系统制作，项目 3 为单片机显示控制，项目 4 为机电控制应用，项目 5 为常用低压电器应用，项目 6 为 PLC 灯阵控制器设计与制作，项目 7 为 PLC 电动机控制器设计与制作，项目 8 为机电一体化控制系统设计与安装调试。每个项目都由实践性和趣味性较强的实训任务作引导，突出以能力为本位、以应用为目的的理念。

本书是针对机电类和近机类高等职业教育而编写的，可作为高职高专院校相关专业的教材，也可以作为各类业余大学、函授大学、电视大学及中等职业学校相关专业的教学参考书，并可供相关专业工程技术人员参考使用。

图书在版编目（C I P）数据

机电一体化技术应用 / 陈炳森，陈吉祥主编. -- 北京：中国水利水电出版社，2015.2(2025.1重印).
国家骨干高职院校工学结合创新成果系列教材
ISBN 978-7-5170-3023-2

Ⅰ. ①机… Ⅱ. ①陈… ②陈… Ⅲ. ①机电一体化－高等职业教育－教材 Ⅳ. ①TH-39

中国版本图书馆CIP数据核字(2015)第046627号

书　　名	国家骨干高职院校工学结合创新成果系列教材 **机电一体化技术应用**	
作　　者	主编　陈炳森　陈吉祥　　主审　高平　梁建和	
出版发行	中国水利水电出版社 （北京市海淀区玉渊潭南路 1 号 D 座　100038） 网址：www.waterpub.com.cn E - mail：sales@mwr.gov.cn 电话：(010) 68545888（营销中心）	
经　　售	北京科水图书销售有限公司 电话：(010) 68545874、63202643 全国各地新华书店和相关出版物销售网点	
排　　版	中国水利水电出版社微机排版中心	
印　　刷	清淞永业（天津）印刷有限公司	
规　　格	184mm×260mm　16 开本　12.5 印张　296 千字	
版　　次	2015 年 2 月第 1 版　2025 年 1 月第 2 次印刷	
印　　数	4001—6000 册	
定　　价	**39.00 元**	

凡购买我社图书，如有缺页、倒页、脱页的，本社营销中心负责调换

版权所有·侵权必究

国家骨干高职院校工学结合创新成果系列教材

编 委 会

主　任：刘延明

副主任：黄伟军　黄　波　皮至明　汪卫星

委　员：张忠海　吴汉生　凌卫宁　陆克芬

　　　　邓海鹰　梁建和　宁爱民　黄晓东

　　　　陈炳森　方　崇　陈光会　方渝黔

　　　　况照祥　叶继新　许　昕　欧少冠

　　　　梁喜红　刘振权　陈治坤　包才华

秘　书：饶亚娟

前 言

"机电一体化技术应用"是"机电一体化技术"专业及相近专业的综合性专业核心课程。

为了贯彻教育部 2006 年 16 号文的精神，本书全面贯彻以行动引导型教学法组织教材内容的指导思想，采用任务驱动的方案通过"做、学、教一体化"模式组织教学，显现出鲜明的高等职业教育特色。全书由 8 个项目 20 个任务组成：项目 1 为单片机基本端口操作，项目 2 为波形发生器与数据采集系统制作，项目 3 为单片机显示控制，项目 4 为机电控制应用，项目 5 为常用低压电器应用，项目 6 为 PLC 灯阵控制器设计与制作，项目 7 为 PLC 电动机控制器设计与制作，项目 8 为机电一体化控制系统设计与安装调试。每个项目都以实践性和趣味性较强的实训任务作为引导，突出以能力为本位、以应用为目的的理念，遵循"用感性引导理性，从实践导入理论，从形象过渡到抽象"的认识规律组织教学内容；按照机电一体化产品的一般构成所涉及的单片机应用技术、低压电器控制技术、可编程序控制器应用技术等三大块知识领域，本着加强操作技能训练、理论够用为度的理念，摒弃旧的知识系统化观念，精心挑选内容。项目 8 安排两个综合性的实训任务，对学生进行独立的综合能力培养和考核。全书无论是在内容选择处理还是在教学方法的运用上，都符合高职院校机电类和相近专业的教学需要和当前我国高等职业教育的发展方向。

本书的编审团队，主要由既具有丰富的机电产品设计应用实践经验又有多年的职业教育教学经验的教师组成，有教授、副教授、工程师、技师，这是本教材总体质量的保证。教材的主体内容和教学方案，已经过五年的实践检验，教学效果显著，深受学生的欢迎和赞誉。

参加本书编审的人员有：广西水利电力职业技术学院陈炳森编写项目 8，赵新业编写项目 1，罗芬编写项目 3 和项目 4，梁小流编写项目 5，陈韶光编写项目 6；梧州职业学院杨辉编写项目 2；黔西南民族职业技术学院陈吉祥编写项目 7。本书由陈炳森、陈吉祥担任主编，由赵新业、梁小流、罗芬、杨辉、陈韶光担任副主编。全书由广西水利电力职业技术学院陈炳森统稿，安顺职业技术学院高平、广西水利电力职业技术学院梁建和担任主审。在教材编写过程中，两位主审和亚龙科技集团股份有限公司李瑞道经理对本教材提出了许多宝贵意见，在此表示衷心感谢。教材主体内容和教学方案，由广西水利电力职业技术学院赵新业、罗芬、张光权三位老师负责组织实践检验，他们付出了大量的劳动和心血，在此表示衷心感谢。

由于我国基于行动引导型教学法组织内容、按"做、学、教一体化"模式组织教学的高职高专教材建设的时间还不长，加之作者水平有限等因素，书中缺点和错误在所难免，恳请广大同行和读者批评指正。

编　者
2014 年 7 月

目　　录

项目 1　单片机基本端口操作

【教学目标要求】

　　知识目标：理解单片机的基本概念，掌握单片机最小系统的组成和功能，掌握单片机 I/O 口的作用和使用方法，掌握发光二极管控制的基本原理和键盘控制的基本原理，理解继电器控制的基本原理，掌握 I/O 口 C51 语言程序设计。

　　技能目标：单片机应用系统、发光二极管电路、键盘电路、继电器电路的接线和调试，软件 Keil C51 的基本操作，烧录程序的方法及操作，万用表测试元器件及电路的方法及步骤，单片机简单应用系统和 ISP 下载线的制作。

任务 1.1　灯光闪烁控制器制作

知识目标	单片机、单片机最小系统、单片机最小系统与发光二极管电路原理，单片机的 I/O 口应用、C51 程序的结构和源程序分析
技能目标	单片机应用系统的接线、软件伟福 6000 的基本操作、烧录程序的方法（Easy 51Pro 软件的使用）、万用表测试元器件或电路的方法
使用设备	单片机最小系统（主机模块）、灯光控制实验板、数字万用表、导线、PC
实训要求	利用主机模块对灯光控制实验板进行控制，实现实验板 P0 口所对应发光二极管亮或灭
实训拓展	通过学习后续知识和修改程序实现： 1. 用导线将主机模块上的 P2 口引脚连接到实验板上对应的 8 个发光二极管，并使之亮灭效果与本任务中接 P1 口的相同 2. 在 P3 口增接 8 个发光二极管，要求：①两列共 16 个发光二极管能够同时闪烁；②仅仅 P2.0 引脚连接的发光二极管在闪烁；③P2 口所连接的 8 个发光二极管能够实现流水灯效果：一开始仅接 P2.0 的亮，接着为仅接 P2.1 的亮，依此类推，最后仅接 P2.7 的亮，然后重复上述效果
实训报告	报告的格式和主要内容见附录，同时注意对实训拓展作较详细的说明

1.1.1　认识灯光闪烁控制器软件和硬件

【注意事项】

　　本书的各项任务在电路、程序上各不相同，但也有共同点，在完成各项任务的过程中，需注意以下几点：

　　（1）实验室设备的使用。爱护实验室设备，仪器仪表轻拿轻放，完成实验后需整理好实验室。

（2）电源的正负极。将实验板上的电源端（VCC）和地（GND）接到主机模块上的电源端（VCC）和地（GND）时，应使用不同颜色的导线进行连接，避免正、负极接反，损坏电子元器件。习惯上，应使用红导线作为电源连接线，使用黑导线作为地连接线。

（3）C51的程序格式。在伟福6000软件中编写程序时，要按照C语言的指令格式和要求书写，例如需分清大小写，不能任意省略标点符号，符号"＋＋"和"－－"为连写，不应在中间加空格。

（4）伟福6000与Easy 51Pro软件的使用。熟悉任务1.1操作步骤中两个软件的使用方法，在本书后续课程中将不再详细描述。

（5）基本接线。主机模板的基本接线，包括下载线、电源线，在应用该主机模块的各个任务中，其连接方法完全相同，故仅在任务1.1中介绍。

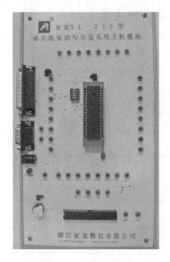

图 1-1　主机模块

（6）完成各任务的主要步骤。根据电路原理接线；使用伟福6000软件编写、编译源程序；将程序烧录到单片机；操作并观察单片机应用系统的状态变化。

（7）本书选用的单片机开发系统。市场上单片机的开发系统种类繁多，功能各有千秋，价格各不相同，本书任务采用亚龙科技集团有限公司生产的亚龙 YL-215型单片机开发系统，它由一个主机模块和多个实验单元模块组成。主机模块是一个典型的单片机最小系统，具有系统编程功能，且电路简单，具有通用性，配合实验单元模块，便于接线，易于理解电路原理和控制过程。另外，书中还介绍了一个单片机简单应用系统的制作，也可采用该系统进行仿真开发。

1. 单片机最小系统主机模块

图 1-1 为单片机实训与开发系统主机模块（以下简称"主机模块"），模块的结构包含以下几部分：

（1）单片机（控制器）。

（2）下载线接口。与计算机连接，实现系统编程功能。

（3）电源输入/输出口。由变压器提供单片机所需＋5V直流电，并提供＋5V电源给实验单元模块。

（4）复位跳线开关。控制单片机复位操作。

（5）连线接口。包括40芯数据线插座和32个I/O口，以及单片机的控制引脚插口，便于用不同方式连接实验单元模块，完成对控制对象的控制。在熟悉单片机的控制原理后，使用40芯数据线连接可加快实验进程；但对于初学者来说，使用独立导线连接更易于掌握单片机的控制过程。

2. 电路连线

（1）连接下载线。下载线如图 1-2所示，

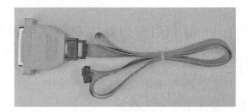

图 1-2　ISP下载线

将一端连接到 PC 并行口，另一端连接到主机模块下载线接口。

（2）连接变压器电源接口。

（3）准备一组独立导线，按任务要求完成主机模块与实验单元模块的连接。

3. 灯光控制实验板

图 1-3 为灯光控制实验板的面板，其上以 4 列 8 行分布了 32 个发光二极管，可使用 40 芯数据线连接主机模块，也可以独立导线连接进行控制。另外，实验板所需的 +5V 电源和接地端由主机模块提供。

在本任务中，用 2 根导线将实验板上的 "+5V" 和 "GND" 与主机模块上的 "+5V" 和 "GND" 分别连接；用 8 根导线将实验板上的 8 个发光二极管 P0.0～P0.7 与主机模块上对应的 P0.0～P0.7 插口一一对应连接。

4. 伟福 6000 软件简介

伟福 6000 是南京伟福公司研制的单片机开发软件，一般就是用在 MCS-51 单片机上。不需要购买仿真器，使用软件模拟器就可以了，使用非常方便。

伟福 6000 编译软件，采用中文界面。用户源程序大小不受限制，有丰富的窗口显示方式，能够多方位、动态地展示程序的执行过程。其项目管理功能强大，可使单片机程序化大为小，化繁为简，便于管理。另外，其书签、断点管理功能以及外设管理等功能给单片机的仿真带来极大的便利。

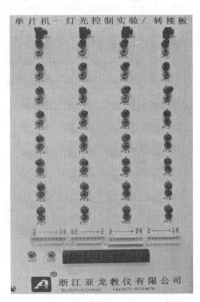

图 1-3　灯光控制实验板

软件的主要功能是将学习者录入的 C51 语言程序，"翻译"成单片机能够识别的机器语言，如二进制文件（.bin）和十六进制文件（.hex）。

5. Easy 51Pro 软件简介

Easy 51Pro 是一个非常通用的烧录单片机程序的软件，它的功能是将伟福 6000 软件中编译好的机器语言文件写入到单片机中。

该软件需配合前述 ISP 下载线，实现计算机与单片机系统的连接和程序烧录。

1.1.2　灯光闪烁控制器制作操作指导

1.1.2.1　电路连线

灯光闪烁控制器接线表见表 1-1，使用导线按接线表进行连线。

1.1.2.2　使用伟福 6000 软件编写、编译程序

1. 运行伟福 6000 软件

软件界面如图 1-4 所示，从上至下分为标题栏、菜单栏、工具条、编程窗口、信息窗口等五大部分。

表 1-1	灯光闪烁控制器接线表	
主　机　模　块	灯光控制实验板
+5V	+5V
GND	GND
P1.0～P1.7	P1.0～P1.7
下载线接口，接下载线，与计算机并口连接	
电源接口，接变压器，提供 5V 电源	

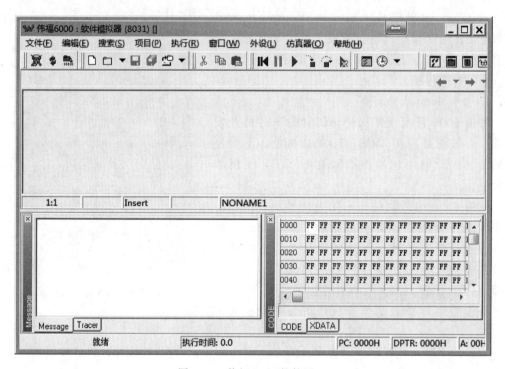

图 1-4　伟福 6000 软件界面

2. 录入程序代码并保存

单击菜单栏中的"文件"——→"新建文件"命令，即可在空白处输入 C51 程序代码。

任务 1.1 参考源程序代码如下：

```
#include ⟨reg52.h⟩              //包含头文件 reg52.h
//延时函数,单位为毫秒,调用函数时,需给出参数 ms 值,
void DelayMS(unsigned int ms)
{
    unsigned char i;
    while(ms --) for(i=0; i<120; i ++);
}
void main()                    //主函数
{
```

```
    while(1)                //设置无限次循环
    {
        P1=0xFF;            //从 P0 口输出 0xFF,这时 8 个发光二极管全灭
        DelayMS(500);       //延时 500ms
        P1=0x00;            //从 P0 口输出 0x00,这时 8 个发光二极管全亮
        DelayMS(500);       //延时 500ms
    }
}
```

需认真检查输入的程序内容,特别是大小写不能弄错。另外上述参考程序中的"//"及其后方的中文内容不必录入。

录入完成后,保存文件,文件命名为"rw1＿1.c",C 语言程序文件的后缀名为".c"。

3. 编译 C51 语言程序

上述程序代码为 C51 语言程序,需编译后才能生成单片机能够识别的机器语言程序。

单击菜单栏中"项目"——→"编译"命令,即可完成编译操作。

若程序编写无语法错误,在伟福 6000 软件界面下方的信息窗口会出现编译成功的提示信息,如图 1-5 所示。

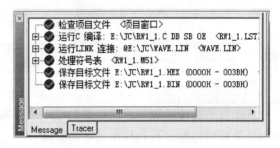

图 1-5　编译成功的信息窗口

若信息窗口中有错误提示,必须先修改程序中错误的地方,然后再次编译,直至提示编译成功为止。

1.1.2.3　使用 Easy 51Pro 软件烧录程序

在完成了单片机控制程序的编写和编译后,下面要将程序写入单片机中,使单片机能够按照程序的要求完成相应的工作。

启动 Easy 51Pro 软件,软件界面如图 1-6 所示。

(1) 设置芯片为 AT89S52,并单击"检测器件"按钮,检测到计算机与单片机连接成功。

(2) 单击"(自动)打开文件"按钮,选择编译好的程序 rw1＿1.bin 文件。

(3) 单击"自动完成"按钮,完成控制程序的自动烧录。

1.1.2.4　观察并记录实验板效果

单片机必须是在供电状态下才能烧录程序,一旦程序烧录到单片机,单片机立刻开始工作。针对本任务所编写的 C51 语言程序是循环地从单片机的 P1 口输出高电平和低电平,高低电平是在一定的时间间隔下发生变化的,那么可以在灯光控制实验板上观看到明显的效果。

P1.0~P1.7 对应的 8 个发光二极管同时亮约 0.5s,然后灭约 0.5s,如此反复地实现亮和灭。

图 1-6　Easy 51Pro 软件操作界面

在单片机应用系统中，能够翔实地记录和描述控制对象的变化状态，就能够更深刻地理解单片机的控制过程和程序设计的思路。

1.1.3　单片机及其引脚功能

1.1.3.1　单片机

单片机就是集成在一块芯片上的微型计算机，它具有一个完整的计算机的五大功能部件：运算器、控制器、存储器、输入设备和输出设备，同时还集成了串行口、定时/计数器、中断控制器等功能部件，形成了芯片级的计算机。

单片机是早期单片微型计算机（Single Chip Microcomputer）的直译，随着单片微型计算机在体系结构上不断完善并扩展其控制功能，国际上认同的准确反映单片机本质的叫法为微控制器（MicroController Unit，MCU）。因为单片机无论从功能上还是从形态上来说，都是作为控制领域的应用计算机而诞生的，是嵌入式系统低端应用的最佳选择。

单片机是世界上数量最多的计算机。现代人类生活中所用的几乎每件电子和机械产品中都会集成有单片机。手机、电话、计算器、家用电器、电子玩具、掌上电脑以及鼠标等电脑配件中都配有1～2片单片机。而个人计算机中也会有为数不少的单片机在工作。汽车上一般配备40多片单片机，复杂的工业控制系统上甚至可能有数百台单片机在同时工作。单片机的数量不仅远超过PC和其他计算的综合，甚至比人类的数量还要多。

在单片机的发展历程中，根据单片机内CPU处理数据的能力，可分为4位、8位、16位和32位单片机，指的是CPU能够同时处理的二进制数的位数。除了位数不同以外，各个单片机厂商生产的单片机的指令系统各不相同，功能也各有特长，其中，最具代表性的当属 Intel 的 8051 系列单片机，世界上许多知名厂商都生产与 8051 兼容的芯片，如 Philips、Siemens、NEC、Dallas、Atmel 等公司，我们把这些与 8051 兼容的单片机统称为 MCS-51 系列。

作为单片机生产厂商，Atmel 公司的市场占有率最高，目前在国内市场上使用者的首选单片机为 AT89S52。其中，"AT"表示 Atmel 的公司代码；"89"为 8 位 MCS-51 单片机中的一个系列，主要特征是片内有 Flash ROM；"S"表示该器件含有在系统可编程功能（ISP），用户只需要连接好下载线路，就可以在不拔下芯片的情况下，直接对芯片进行编程操作；"52"类别的单片机，其片内有 8KB 的 Flash ROM 和 256B 的 RAM。本书中所述的单片机没有特别说明的，都是指 MCS-51 单片机，各任务所选用的单片机芯片都是采用 AT89S52。

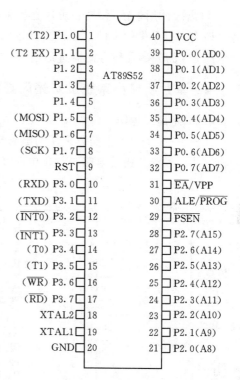

图 1-7   AT89S52 芯片的 DIP40 封装及引脚图

1.1.3.2　AT89S52 单片机的引脚及封装

AT89S52 单片机的封装有 PDIP（双列直插封装）、PLCC（塑封 J 形脚封装）和 TQFP（四方密脚扁平塑封封装）三种形式，常用 PDIP 封装，如图 1-7 所示为 AT89S52 芯片的 DIP40 封装及引脚图。

AT89S52 共 40 根引脚，大致可分为 4 类：

1. 电源引脚

VCC，电源端，接+5V；GND，接地端。

2. 时钟电路引脚

XTAL1，外接晶振输入端；XTAL2，外接晶振输出端。

3. I/O 引脚

AT89S52 单片机有 4 个 8 位并行输入/输出接口，为 P0、P1、P2、P3 端口，包括 32 个引脚 P0.0～P0.7、P1.0～P1.7、P2.0～P2.7 和 P3.0～P3.7。其主要用途就是实现单片机与外部设备的输入和输出控制。

在程序中进行 I/O 控制时，可直接使用符号"P0"控制 P0 端口的 8 个引脚，也可使用位变量"P03"控制 P0 端口的其中一个引脚。

同时，P0～P3 口也有特殊的用途：在访问片外存储器时，P0 口用做地址/数据分时复用口线，而 P2 口用做高 8 位地址线；另外，P3 端口每个引脚均具有第二功能，详见后续章节中的介绍。

4. 控制引脚

包括 RST、$\overline{\text{EA}}$/VPP、ALE/$\overline{\text{PROG}}$ 和 $\overline{\text{PSEN}}$。

RST 为复位引脚，当 RST 引脚出现持续 2 个机器周期以上的高电平时，可实现复位操作。

$\overline{EA}$/VPP 引脚功能为片外程序存储器选择端/Flash 存储器编程电源，因 AT89S52 内部有 8KB 的程序存储器，不需使用片外程序存储器，所以该引脚一般接 VCC。

ALE/$\overline{PROG}$ 为地址锁存允许端/编程脉冲输入端，当单片机访问外部存储器时，ALE 输出脉冲用于锁存 P0 口分时送出的低 8 位地址（下降沿有效），不访问外部存储器时，该引脚以晶振频率的 1/6 输出固定的脉冲信号，作为外部时钟。

$\overline{PSEN}$ 为外部程序存储器选通信号，一般情况下用不到。

1.1.4 单片机最小系统及灯光闪烁控制器电路原理

1.1.4.1 电路原理图

如图 1-8 所示为本任务采用的电路原理图。图中的元器件与电路包括：AT89S52 单片机芯片、发光二极管电路、复位电路、时钟电路。

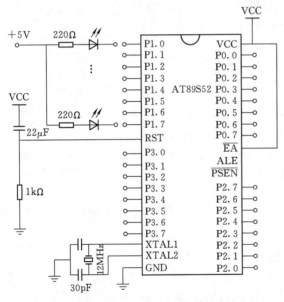

图 1-8 单片机最小系统与灯光闪烁控制器电路原理图

1.1.4.2 单片机最小系统组成

在图 1-8 中，去掉接在 P1 端口上的发光二极管电路，就是单片机的最小系统。其组成包括：

（1）AT89S52。将程序写入单片机内部的程序存储器，实现单片机对外部电路的控制。GND 引脚接地，VCC 引脚接 +5V 直流电源，$\overline{EA}$ 接 +5V（高电平），表示单片机使用其内部程序存储器。端口 P0、P1、P2、P3 一共 32 个引脚预留外接接线柱。

（2）时钟电路。接到单片机的 XTAL1 和 XTAL2 引脚，是单片机最小系统的重要组成部分，负责给单片机提供稳定的时钟脉冲信号。

（3）复位电路。接到单片机的 RST 引脚，实现单片机上电复位功能。

1.1.4.3 发光二极管电路

1. 电路和控制原理

图 1-9 为一个发光二极管电路，其中：二极管的正极经过一个 220Ω 的限流电阻接到 +5V 电源，二极管的负极接单片机的 P1.0 引脚。

二极管的特性为正向导通，反向截止，发光二极管也是如此，并且当正向导通时，有电流通过，发光二极管发光。对于图 1-9 所示发光二极管，仅当发光二极管的负极电压小于正极电压时，二极管导通发光。

图 1-9 发光二极管电路

P1.0 为单片机的引脚，是 32 根 I/O 口线的其中一根，作为输入/输出口，从 P1.0 可以输出高电平+5V（即逻辑1）或低电平0V（即逻辑0）。根据图1-9的电路原理可知，当从P1.0引脚输出高电平时，发光二极管截止，则不亮；当输出低电平时，发光二极管导通，则亮。

单片机在程序中只需控制P1.0引脚输出逻辑0或逻辑1，就可以达到控制发光二极管亮或灭的目的。

2. 发光二极管的检测

可利用数字万用表对发光二极管进行检测，测试发光二极管是否可用以及测试发光二极管的引脚正、负极。

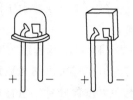

图1-10 发光二极管

先将万用表调至"二极管"档位，然后将红、黑表笔分别接到如图1-10所示发光二极管的两根引脚。若发光二极管发光（亮），则表示二极管导通，红表笔所接引脚为发光二极管正极；若发光二极管不发光，则表示二极管截止，由此可判断出二极管的正、负极。在标准发光二极管的成品中，长引脚端为正极，短引脚端为负极。

1.1.5　C51程序设计入门

1. C51程序的基本构成

如下程序为本任务操作过程中使用的一个简单的C51源程序（rw1_1.c）。

```
#include <reg52.h>              //包含头文件reg52.h
//延时函数,单位为毫秒,调用函数时,需给出参数ms值
void  DelayMS(unsigned  int  ms)
{
  unsigned char i;
  while(ms ——) for(i=0; i<120; i++);
}
void main()         //主函数
{
  while(1)   //设置无限次循环
  {
    P1=0xFF；        //从P0口输出0xFF,这时8个发光二极管全灭
    DelayMS(500);
    P1=0x00;        //从P0口输出0x00,这时8个发光二极管全亮
    DelayMS(500);   //延时500ms
  }
}
```

对照如上程序，分析C51程序的基本构成。

（1）一个C51源程序是一个函数的集合。在这个集合中，仅有一个主函数main()，它是程序的入口。不论主程序在什么位置，程序的执行都是从main()函数开始的，其余函数都可以被主函数调用，也可以相互调用，但main()函数不能被其他函数调用。例如，延时函数DelayMS()可用在主程序中通过指令"DelayMS(500);"进行调用，其中的500为调用时的参数。

（2）可以利用♯include语句将比较常用的函数做成头文件（以.h为后缀名）引入当前文件，需使用符号"〈 〉"。上例中的reg52.h就是一个头文件，语句"P1＝0xFF；"中的P1就是在头文件中被定义了的变量，在本例中只需使用符号P0就可以了，同样，也可使用P0、P2、P3。若不使用指令♯include〈reg52.h〉包含头文件，那么在程序中就无法准确使用P0～P3。

（3）每个函数中所使用的变量都必须先说明后使用。例如上例延时函数中的变量ms和i。

（4）C51源程序书写格式较为自由，一行可以写多条语句，一条语句也可分多行书写。但在每条语句和数据定义的最后必须有一个分号"；"，即使是程序中的最后一条语句也必须包含分号。包含语句"♯include"不用分号。

（5）一个函数或者一个条件下所执行的指令，需使用大括号"{}"将它们合为一组，既满足了C51语言的格式，同时也方便查看和分析程序。

（6）可以用两条斜线"//"对C51源程序中的任何部分作注释，增加程序的可读性。

2. C51的数据类型

在C51语言中，使用的数据类型包括char、int、long、float、*（指针型）、bit、sfr、sbit等，常用的有如下几种：

（1）char。字符型，长度为1个字节，有signed char（有符号数）和unsigned char（无符号数）两种。unsigned char类型数据可以表达的数值范围是0～255；signed char类型数据的最高位表示符号位，"0"为正数，"1"为负数，负数用补码表示，其表达的数值范围是−128～＋127。

（2）int。整型，长度为双字节，有signed int和unsigned int两种，分别为有符号数和无符号数，可以表达的数值范围也不一样，分别为−32768～＋32767和0～65535。

（3）sbit。位类型，长度为1位，它的值只能是0或1，利用它可以定义一个位变量，以访问MCS-51单片机内部RAM的可寻址位及特殊功能寄存器中的可寻址位。例如指令"sbit P11＝P1^1"，其中，"P1^1"为头文件reg52.h中已定义好的P1.1引脚，通过该位定义指令，在程序中使用符号"P11"时，就是指P1.1引脚。

3. C51的常量

在C51语言中，常量的数据类型有整型、浮点型、字符型、字符串型及位类型，常用的有如下几种：

（1）整型常量。可用十进制、十六进制表示，例如十进制整数500、−123；十六进制整数0xFF、0x45。

（2）字符型常量。为单引号内的字符，如'e''K'等。

（3）字符串型常量。为双引号内的字符，如"ABCD""@♯%"等。

4. C51的变量定义

变量是一种在程序执行过程中值不断变化的量。C51定义变量的格式如下：

［存储种类］数据类型［存储器类型］变量名

在本任务的参考源程序中，语句"unsigned char i；"定义了变量i。其中，数据类型为"unsigned char"即无符号字符型，变量名为"i"。存储种类和存储器类型为可选项。

（1）存储种类。有 4 种：auto（自动）、extern（外部）、static（静态）和 register（寄存器），定义变量省略该项时，则存储种类为默认的 auto（自动）变量。

（2）数据类型。如前所述。

（3）存储器类型。常用的为 data（片内数据存储器）、xdata（片外数据存储器）、code（程序存储器）。

5. C51 的函数

在本任务的参考源程序中，我们可以看到 C51 语言的程序一般由一个主函数 main() 和若干个用户函数构成。在编写 C51 语言程序时，可以按不同的功能设计成一些任务单一、充分独立的小函数，相当于子程序模块，用这些子程序模块就可以构成新的大程序。这样的编程方式，可以使 C51 语言程序更容易读写、理解、查错和修改。

（1）标准库函数。标准库函数是由 C51 编译器提供的，不需要用户进行定义和编写，可以直接由用户调用。要使用标准库函数，必须在程序的开头用"♯include"包含语句，然后才能调用。例如"♯include〈reg52.h〉"。

（2）用户自定义函数。用户自定义的函数是用户根据自己的需要编写的能实现特定功能的函数，它必须先定义才能调用。函数定义的一般形式为

```
函数类型 函数名（形式参数表）
形式参数说明表
{
    局部变量定义
    函数体语句
}
```

例如，在例子中用到的延时函数：

```
void DelayMS(unsigned int ms)
//延时函数中定义无符号整型变量 ms
{
    unsigned char i;              //定义无符号字符型变量 i
    while(ms －－)  for(i=0；i<120；i＋＋)；
}
```

其中，void 为空类型，不需要有返回值，该符号可省略；DelayMS 为函数名；unsigned int ms 定义了参数 ms；unsigned char i 定义了变量 i；while(ms －－)for(i=0；i<120；i＋＋) 为函数体语句。

在程序中调用函数的一般形式为

函数名（实际参数表）

在例子中调用延时函数的指令为 DelayMS（500）。

6. C51 的表达式语句与循环语句

（1）赋值语句。"="为赋值运算符，作用是将一个数据的值赋给一个变量，如"P0＝0xFF"，在赋值表达式后面加一个分号";"就构成了赋值语句。

（2）增量运算符。"＋＋"为增量运算符，是 C 语言中特有的一种运算符，它的作用

是对运算对象作加 1 运算，例如 i++，是先使用 i 值，再执行 i+1 操作。"——"为减量运算符，其执行过程与"++"类似，区别在于它的作用是对运算对象作减 1 运算。

（3）while 语句。循环语句，其形式为"while(条件表达式)语句;"，作用是当条件表达式的结果为真（非 0 值）时，程序就重复执行后面的语句，一直执行到条件表达式的结果变化为假（0 值）为止。例如，在例子中使用了"while(1)"，条件表达式的值始终是"1"，为真，所以它后面的语句就无限次的反复执行；又如"while(ms——)"，表示当 ms 减 1 不为 0 时，执行它后面的语句，直到 ms=0 为止。

（4）for 语句。循环语句，其形式为"for（［初值设定表达式］；［循环条件表达式］；［更新表达式］）语句"。如例子中的"for(i=0;i<120;i++);"，表示 i 初值为 0，当 i 加 1 后满足 i<120 的条件时，则循环执行其后的语句（本例中其后无语句，为空语句），然后再令 i 加 1，继续判断是否满足 i<120，依此循环，直到 i=120 为止。

7. 延时程序简要说明

实现延时效果常用语句"while(ms——)for(i=0;i<120;i++);"完成，其中 while 语句和 for 语句为循环语句，功能在前面已经说明，之所以能够实现延时，是因为单片机在执行每一句指令时，都需要耗费时间，这称为"指令周期"（在后续章节会详细说明），上述指令循环的次数为 while() 语句循环 ms 次，for 指令循环 ms * 120 次，次数的增加，将会使时间增加，从而实现延时的效果。

8. 数制、码制的要求

在 C51 语言中，数据的表示只能使用十进制与十六进制，在指令中使用十六进制数需加前缀"0x"，不加前缀或者后缀的，默认为十进制数。但是在单片机控制系统中，对于位的控制尤为重要，这就需要掌握二进制数的应用，读者应熟悉数制之间的转换。表 1-2 所示为二进制-十进制-十六进制对应关系。

表 1-2　　　　　　　　　　　　　二进制-十进制-十六进制对应关系表

二进制	十进制	十六进制	二进制	十进制	十六进制
0000	0	0	1000	8	8
0001	1	1	1001	9	9
0010	2	2	1010	10	A
0011	3	3	1011	11	B
0100	4	4	1100	12	C
0101	5	5	1101	13	D
0110	6	6	1110	14	E
0111	7	7	1111	15	F

例如：

0xFE = 1111 1110(二进制) = 254(十进制)

0x2A = 0010 1010(二进制) = 42(十进制)

任务 1.2　流 水 灯 控 制 器 制 作

知识目标	单片机的内部组成及其复位电路与复位状态、时钟电路与时序，C51 语言的运算符和程序设计及查表程序应用、中断系统、定时器应用、单片机的存储器
技能目标	单片机应用系统的接线、软件伟福 6000 的基本操作、烧录程序的方法、C51 程序设计
使用设备	单片机最小系统（主机模块）、灯光控制实验板、导线、PC
实训要求	利用主机模块灯光控制实验板，实现 P3 口所对应 8 个发光二极管的流水灯亮灭，即一开始仅有 P3.0 所接的发光二极管亮，然后变为仅有 P3.1 所接的亮，依此类推，最后为仅有 P3.7 所接的亮，8 个发光二极管轮流亮灯，然后重复上述效果
实训拓展	1. 将实验板的所有 4 列共 32 个发光二极管按标号连接到主机模块上，编程实现 4 列发光二极管同时以流水灯形式亮灭 2. 实现 P3 口连接的 8 个发光二极管为跑马灯亮灭效果：首先 P3.0 对应发光二极管亮；接着 P3.1 与 P3.0 所接的同时亮，然后 P3.2、P3.1 和 P3.0 所接的同时亮，依此类推，最后为 8 个发光二极管同时亮，然后重新开始，反复循环 3. 学习后续知识采用定时器 T1 中断，使定时时间为 2s，实现 P3 口控制流水灯效果；最后，扩展思路根据自己定的要求编程控制 32 个发光二极管实现亮灭
实训报告	报告的格式和主要内容见附录，同时注意对实训拓展作较详细的说明

1.2.1　流水灯控制器操作指导

每当夜幕降临，我们可以看到大街各式各样广告牌上漂亮的霓虹灯，看起来令人赏心悦目，为城市增添了不少亮丽色彩。其实这些霓虹灯的工作原理和单片机流水灯是一样的，只不过霓虹灯的花样更多，看起来更漂亮一些。本任务是用主机模块控制灯光实验板实现流水灯效果，在学习本任务后，读者还可以充分发挥想象力，编程实现灯光实验板的多种彩灯效果。

按如下步骤说明进行操作，完成本任务要求。

1. 电路连线

流水灯控制器接线表见表 1-3，使用导线按接线表进行连线。

表 1-3　　　　　　　　　　　流水灯控制器接线表

主　机　模　块	灯光控制实验板
+5V	+5V
GND	GND
P3.0～P3.7	P3.0～P3.7
下载线接口，接下载线，与电脑并口连接	
电源接口，接变压器，提供 5V 电源	

2. 使用伟福 6000 软件编写、编译程序

伟福 6000 软件的使用方法可参考任务 1.1,在此仅提供参考源程序:

```
#include <reg52.h>              //包含89S52单片机的头文件
void DelayMS(unsigned int ms)   //延时函数
{
    unsigned char i;
    while(ms——) for(i=0; i<120; i++);
}
void main()                //主函数
{
  unsigned char n;       //定义变量n
  while(1)
  {
      for(n=0; n<8; n++)   //循环8次
      {
        P3 = ~(1<<n);     //将1左移n位,取反后赋值给P3
        DelayMS(500);
      }
  }
}
```

输入上述程序代码后,保存名为 rw1_2.c 的文件,并编译。

3. 将控制程序烧写到单片机

本任务使用 Easy 51Pro 软件进行烧写操作,请参考 1.1.2、1.1.3 进行。

4. 观察并记录实验板效果

若程序无输入错误,在灯光控制实验板上可观察到 P3 口所接的 8 个发光二极管以流水灯形式实现亮灭的效果。

1.2.2 单片机的内部结构和复位、时钟电路

1. 流水灯控制器电路原理图

图 1-11 所示为本任务采用的电路原理图,与图 1-8 相似,都是采用主机模块对灯光实验板进行连线控制。两者的不同点在于:①单片机控制发光二极管的 I/O 口不同,任务 1.1 使用的是 P1 口,本任务使用的是 P3 口;②接在单片机复位引脚 RESET 上的复位电路不同,任务 1.1 是采用上电复位电路,本任务是采用按键复位电路。

2. 单片机内部结构基本组成

AT89S52 单片机的内部结构组成,如图 1-12 所示。

(1) 8 位 CPU。由运算器和控制器组成,可进行算术运算、逻辑运算和位运算;可以根据不同指令的功能控制单片机各部分的工作。

(2) 片内时钟电路,配合外部电路产生时钟信号送 CPU,最高工作频率可达 33MHz。

(3) 32 个 SFR。32 个特殊功能寄存器。AT89C51 单片机有 21 个 SFR。

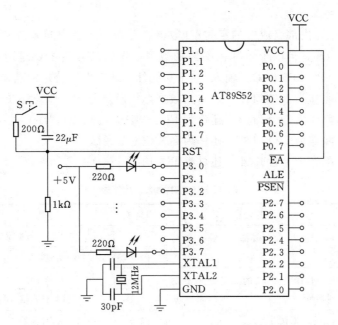

图 1-11 主机模块与灯光控制实验板电路原理图

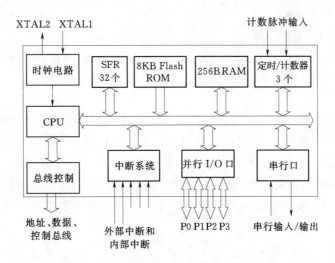

图 1-12 AT89S52 单片机内部结构图

（4）8KB Flash ROM。8KB 的程序存储器。

（5）256B RAM。256 字节数据存储器。

（6）3 个 16 位定时/计数器。AT89C51 单片机有 2 个 16 位定时/计数器。

（7）总线控制。可在芯片外部扩展 64KB 数据存储器及 64KB 程序存储器。

（8）中断系统。6 个中断源，2 个优先级。AT89C51 单片机有 5 个中断源。

（9）32 根双向并行 I/O 口线，可进行位操作。

（10）1 个全双工串行口。

3. I/O 口的特殊功能

在图 1-12 中，内部组成中的定时/计数器、总线控制、中断系统和串行口与单片机外部都有信号的传输，但限于单片机引脚的数目，这些信号线主要是通过并行 I/O 口的第二功能实现的，P0～P3 口除了输入/输出功能外，还有以下特殊的功能：

（1）P0 口。除作为 I/O 口外，还作为数据总线以及低 8 位地址总线。

（2）P1 口。除作为 I/O 口外，还作为 Flash 编程（即烧写程序）的接口（表 1-4）。

（3）P2 口。除作为 I/O 口外，还作为高 8 位地址总线。

（4）P3 口。除作为 I/O 口外，还具有第二功能（表 1-4）。

表 1-4　　　　　　　　　　　P1 口与 P3 口的第二功能表

引脚号	第 二 功 能	引脚号	第 二 功 能
P1.0	T2（定时/计数器 T2 的外部计数输入），时钟输出	P3.1	TXD（串行口数据发送端）
		P3.2	$\overline{INT0}$（外部中断 0 输入端）
P1.1	T2EX（定时/计数器 T2 的捕捉/重载触发信号和方向控制）	P3.3	$\overline{INT1}$（外部中断 1 输入端）
		P3.4	T0（定时/计数器 T0 外部计数输入端）
P1.5	MOSI（在系统编程用）	P3.5	T1（定时/计数器 T1 外部计数输入端）
P1.6	MISO（在系统编程用）	P3.6	$\overline{WR}$ 外部数据存储器写信号
P1.7	SCK（在系统编程用）	P3.7	$\overline{RD}$ 外部数据存储器读信号
P3.0	RXD（串行口数据接收端）		

注　P1.5、P1.6、P1.7 引脚的第二功能，为 ATeml 公司的 S 系列单片机所特有的功能，借助这一功能，方可实现自制下载线进行在系统编程。

4. 复位电路

（1）复位电路的构成。当单片机的复位引脚出现 2 个机器周期以上的高电平时，单片机就执行复位操作。如果 RST 持续为高电平，单片机就处于循环复位状态。如图 1-13 所示，单片机的复位电路有两种形式：上电复位和按钮复位。上电复位是利用电容充电来实现的，在上电瞬间，RST 端的电位与 VCC 相同，则单片机复位。随着电容储能增加，电容电压增大，RST 端的电位逐渐下降至低电平，单片机正常工作。按钮复位电路是通

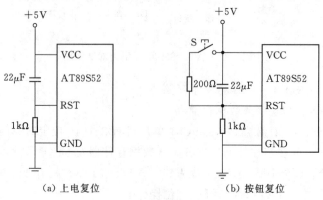

图 1-13　复位电路

过按下复位按钮时，电源对 RST 端维持高于 2 个机器周期的高电平实现复位。按钮复位后，需断开按键。

（2）复位后单片机内部寄存器的状态。单片机进行复位操作后，其内部的寄存器的内容被初始化。在大多数 MCS-51 系列单片机内部有 21 个特殊功能寄存器（Special Features Register，简称"SFR"），AT89S52 单片机内部有 32 个特殊功能寄存器，它们和单片机的相关部件有关，专门用来设置单片机内部的各种资源，记录电路的运行状态，参与各种运算及输入/输出操作。复位后各寄存器的状态见表 1-5。

表 1-5　　　　　　　　　　　　AT89S52 单片机复位后各寄存器的状态

寄存器名称	复 位 值	寄存器名称	复 位 值
PC	0x0000	(RCAP2L)	0x00
ACC	0x00	(RCAP2H)	0x00
B	0x00	TH0	0x00
PSW	0x00	TL0	0x00
SP	0x07	TH1	0x00
DPTR	0x0000	TL1	0x00
P0~P3	0xFF	TH2	0x00
SBUF	不定	TL2	0x00
IP	***00000B	SCON	0x00
IE	0**00000B	PCON	0***0000B
TMOD	0x00	(AUXR)	***00**0B
TCON	0x00	(AUXR1)	*******0B
(T2CON)	0x00	(WDTRST)	********B
(T2MOD)	******00B	(DPTR1)	0x0000

注　1. 表中符号"*"为随机状态，例如"***00000B"表示该值的高 3 位随机变化，低 5 位复位后为 0。
　　2. PC=0x0000 表示单片机从程序存储器地址为 0 处开始执行程序。
　　3. 端口 P0~P3 为 0xFF 表明所有 I/O 端口均被置 1，可进行输入/输出数据的操作。
　　4. 加（）的寄存器为增强型芯片内部所具有的寄存器，而基本型芯片则没有这些寄存器。

5. 时钟电路

时钟电路对于单片机系统而言是必需的。由于单片机内部是由各种各样的数字逻辑器件（如触发器、寄存器、存储器等）构成，这些数字器件的工作必须按时间顺序完成，这种时间顺序就称为时序。时钟电路就是提供单片机内部各种操作的时间基准的电路，没有时钟电路单片机就无法工作。

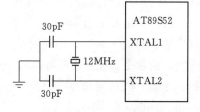

图 1-14　内部时钟电路

（1）常用的内部时钟电路。在 XTAL1 和 XTAL2 引脚之间外接石英晶体振荡器及两个谐振电容，就可以构成内部时钟电路，如图 1-14 所示。石英晶体振荡器频率可选择为 4~33MHz，谐振电容采用 20~30pF 的瓷片电容。一般单片机应用系统中选用 12MHz 的晶振，当需要使用串行通信时，一般会选用 11.0592MHz 的晶振。

（2）单片机的时序单位。通常包含 4 种周期：时钟周期、状态周期、机器周期和指令周期。

时钟电路产生的最小时序单位称为时钟周期，它是由石英晶体振荡器的振荡频率决定的，又称为振荡周期。

将振荡频率进行二分频，就构成了状态周期，一个状态周期等于两个时钟周期。将一个状态周期中的两个时钟周期称为两个节拍，用 P1、P2 表示。

6 个状态周期就构成了 1 个机器周期，机器周期是单片机执行一次基本操作所需要的时间单位。6 个状态周期依次用 S1～S6 表示。

单片机执行一条指令所需要的时间称为指令周期，通常由 1～4 个周期组成，不同的指令执行的时间不同。

各时序单位间的关系如图 1-15 所示。

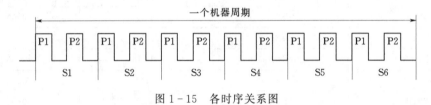

图 1-15　各时序关系图

例如，石英晶体振荡器的频率为 $f_{osc}=12MHz$，则

$$时钟周期=1/f_{osc}=1/12MHz=1/12\mu s$$
$$状态周期=2\times时钟周期=1/6\mu s$$
$$机器周期=12\times时钟周期=1\mu s$$
$$指令周期=(1\sim4)机器周期=1\sim4\mu s$$

1.2.3　C51 语言的运算符和源程序分析

1. C51 的运算符

C 语言对数据有很强的表达能力，具有十分丰富的运算符，除赋值运算符"＝"外，在 C51 中常使用如下运算符。

（1）算术运算符。有"＋""－""＊""／""％"等，前四种为加、减、乘、除运算符，"％"为取余运算符，例如赋值语句"a＝18％4"，结果为"a＝2"。

（2）增量和减量运算符。增量运算符"＋＋"和减量"－－"的作用分别是对运算对象作加 1 和减 1 运算。使用时应注意变量和运算符的位置，如"i＋＋"和"＋＋i"是不同的，前者是先使用 i 值再执行 i＋1 操作，而后者是先执行 i＋1 操作，再使用 i 值。例如，已知 i＝5，则指令"a＝i＋＋"的结果是 a＝5，i＝6；而指令"a＝＋＋i"的结果是 a＝6，i＝6。

（3）关系运算符。有"＞""＜""＞＝""＜＝""＝＝""！＝"等，分别表示大于、小于、大于等于、小于等于、等于、不等于。

关系运算符通常用来判别某个条件是否满足，关系运算的结果只有 0 和 1 两种值，当所指定的条件满足时结果为 1，条件不满足时结果为 0。例如，若 n＝8，那么表达式"n＞10"的结果为 0，而表达式"n!＝10"的结果为 1。

(4) 逻辑运算符。有"＆＆""｜｜""!"等，分别表示逻辑与、逻辑或、逻辑非。逻辑运算的结果也只有 0 和 1 两种值。

(5) 位运算符。有"～""≪""≫""＆""⌃""｜"，分别表示按位取反、左移、右移、按位与、按位异或、按位或。

能对运算对象进行按位操作是 C 语言的一大特点，这使 C 语言具有类似汇编语言（一种与计算机硬件联系密切的低级语言）的一些功能，从而能够对计算机硬件直接进行操作。位运算符的作用是按位对变量进行运算，并不改变参与运算的变量的值。若希望改变变量的值，则应利用相应的赋值运算。

"～"为按位取反，例如 0x8F＝10001111B，那么按位取反后结果为 01110000B＝0x70。

"≪"和"≫"分别是左移和右移运算，在移位时会将移出的位值丢弃，补位时补入 0。例如假设 i＝0x8F，进行左移运算"i≪2"时，因为 i＝0x8F＝10001111B，左移 2 位会将最高的 2 位移出丢弃，从低位补入 2 位 0，结果是 00111100B＝0x3C。

"＆"为按位与运算，例如，若 x＝0x57，y＝0xb3，那么要计算表达式"x＆y"的值时，先将十六进制数转换为二进制数，再进行"与运算"。

x＝0x57＝0101 0111 B，y＝0xb3＝1011 0011 B，则

$$
\begin{array}{r}
0101\ 0111\ \text{B} \\
\&\quad 1011\ 0011\ \text{B} \\
\hline
0001\ 0011\ \text{B}
\end{array} = 0\text{x}13
$$

2. 任务 1.2 源程序分析

下面就本任务中提供的源程序中关键代码进行分析，了解实现任务功能的方法。

关键代码为主程序中 while(1) 语句中的程序：

```
for(n=0;n<8;n++)  //循环8次
{
    P3=~(1<<n);  //将1左移n位,后赋值给P3
    DelayMS(500);
}
```

(1) for 语句"for(n=0;n<8;n++)"。它的功能是：首先 n 的初值为 0，执行语句后 {} 内的程序；然后执行 n＝n＋1，得 n＝1，因为 n＜8，所以继续执行 {} 内的程序；接着再执行 n＝n＋1，依次判断 n＜8 和执行 {} 内的程序，直到 n＝8，退出 {}，回到 while(1)。

(2) 语句"P3＝～(1≪n);"。这是实现本任务功能的关键指令。

1) P3。为单片机的 I/O 口，用以控制接在 P3 上的 8 个发光二极管。

2) ～(1≪n) 表达式。有两个位运算符，符号"～"表示按位取反，符号"≪"表示左移。首先执行括号中的"1≪n"，功能是将 1 左移 n 位，n 初值为 0，则"1≪n"结果

为00000001B；然后将其按位取反，结果为0xFE（11111110B）。

3）赋值语句"P3＝～（1≪n）；"。将上述运算结果0xFE赋值给P3，则单片机I/O口P3.0输出低电平，P3.1～P3.7输出高电平，效果为接在P3.0上的发光二极管亮，其他发光二极管灭。

4）变化过程。for语句导致了n值作加1运算，当n＝1时，"1≪n"的结果为00000010B，取反后为0xFD（11111101B），赋值给P3则控制了电路中P3.1对应的发光二极管亮，而P3.0对应的发光二极管灭。

随着n值的变化，P3.0～P3.7对应的发光二极管进行亮灭转换，实现流水灯效果。

C51语言的功能极其强大，可以采用许多方式实现同样的流水灯效果。

3. 理解运算符的运算结果

读者可尝试修改源程序中的语句"P3＝～（1≪n）；"后重新编译、烧录程序，查看实验板的发光二极管的显示效果。

（1）改为"P3＝～（1≫n）；"。

（2）改为"P3＝1≪n；"。

（3）在for语句前添加指令"P3＝0xFE；"，然后将语句"P3＝～（1≪n）；"改为"P3＝P3≪1；"。

1.2.4　单片机中断和定时/计数器应用

在任务1.1和本任务中，灯光实验板的某一个亮灯效果保留的时间（接近0.5s），都是通过调用延时函数DelayMS（500）实现延时的。这种方法是利用CPU执行每一条指令都需要耗费时间的原理，通过多次循环执行指令，达到延时的效果，但是使用这种方法CPU不断地执行循环指令，占用了CPU的执行时间，降低了CPU的利用率。

为了提高CPU的利用率，可采用单片机内部的定时/计数器和中断系统，通过软件确定和改变定时/计数值，实现各种定时/计数要求。

1.2.4.1　中断的基本概念

在单片机中，当CPU在执行程序时，由单片机内部或外部的原因引起的随机事件要求CPU暂时停止正在执行的程序，而转向执行一个用于处理该随机事件的程序，处理完后又返回被中止的程序断电处继续执行，这个过程就称为中断。

在计算机中，由于包含有中断系统，可以提高CPU的利用率，从而实现多任务的处理。

中断处理过程在日常生活中也很常见，例如，当教师正在批改作业时，门铃响了，那么教师则需要判断是否允许别人打扰，如果允许，则暂时停止批改作业，而转去开门，处理来访者的事情，处理完后，再从原来中止的地方接着批改作业。这个例子包含了单片机处理中断的4个步骤：中断请求、中断响应、中断处理和中断返回。如图1-16所示为单片机处

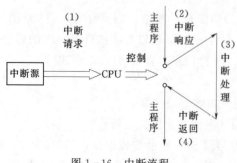

图1-16　中断流程

理中断的流程。

向 CPU 发出中断请求的来源，或引起中断的原因称为中断源。首先，由中断源向 CPU 发出中断请求信号，当 CPU 检测到满足条件的中断信号后则响应中断，控制主程序暂时停止，进入中断处理程序，处理完毕，则返回到原来的主程序中继续执行，这就是中断处理的过程。

1.2.4.2 中断源

单片机类型不同，其中断源数量也不同，AT89S52 单片机内有 6 个中断源，在此介绍其中常用的 5 个。

（1）$\overline{INT0}$ 和 $\overline{INT1}$。外部中断 0 和外部中断 1，分别由单片机的 P3.2 和 P3.3 引入外部电路的中断请求信号，一般设置为当 P3.2(P3.3) 引脚输入的信号为下降沿信号时，向 CPU 发出中断请求。

（2）T0 和 T1。定时/计数器中断 0 和定时/计数器中断 1，当定时时间到或计数值满（计数脉冲分别从 P3.4 和 P3.5 中送入）时，向 CPU 发出中断请求。

（3）串行口中断。它是为接收或发送串行数据而设置的，RXD（即 P3.0）为串行口输入端，当接收完一帧数据时，向 CPU 发出中断请求；TXD（即 P3.1）为串行口输出端，当发送完一帧数据时，向 CPU 发出中断请求。

1.2.4.3 有关中断控制的寄存器

在 AT89S52 单片机中，与中断控制有关的特殊功能寄存器包括 TCON、SCON、IE、IP、T2CON 等，此处仅介绍在 T0、T1 中断中使用到的 TCON 和 IE。

1. 定时器控制寄存器 TCON

其作用是控制定时器的启动与停止，并保存 T0、T1 的溢出中断标志和外部中断 $\overline{INT0}$ 和 $\overline{INT1}$ 的终中断标志。TCON 的格式如下：

D7	D6	D5	D4	D3	D2	D1	D0
TF1	TR1	TF0	TR0	IE1	IT1	IE0	IT0

其中，低 4 位与外部中断有关；高 4 位与定时/计数器有关。

（1）TR0 和 TR1。分别是 T0 和 T1 的启停控制位，当 TRi 为 1 时，Ti 开始计数；当 TRi 为 0 时，Ti 停止计数。

（2）TF0 和 TF1。分别是 T0 和 T1 的中断请求标志，当定时时间到或计数值满时，Ti 发生溢出中断，自动使 TFi 变为 1，若 CPU 相应中断，则 TFi 自动清 0。

2. 中断允许寄存器 IE

控制 CPU 对中断是开放还是屏蔽，以及控制每个中断源是否允许中断。IE 格式如下：

D7	D6	D5	D4	D3	D2	D1	D0
EA	—	—	ES	ET1	EX1	ET0	EX0

（1）EA。CPU 中断总允许位。EA＝0，CPU 屏蔽所有的中断要求，即使有中断请求，CPU 也不会响应；EA＝1，CPU 开放中断。

（2）ET0和ET1。T0和T1的中断允许控制位。当ET0＝1，且EA＝1时，允许T0中断，即当T0向CPU发出中断时，CPU必须中止主程序，执行T0的中断处理程序；当ET0＝0时，禁止T0中断。

（3）ES、EX1和EX0。分别是串行口中断、外部中断1中断、外部中断0中断的中断允许位，它们的功能是，当该位为1时，允许相应的中断，为0时则禁止相应的中断。

1.2.4.4　C51语言中中断的使用

当发生中断时，CPU从主程序转去执行中断程序，在用C51语言编写中断程序时，需编写中断函数，其格式为：

void　函数名（）interrupt　n

其中，interrupt为中断函数的关键字，n为中断号，对于上述5个中断源 $\overline{INT0}$、T0、$\overline{INT1}$、T1和串口中断，中断号依次为0、1、2、3和4（注意中断源和中断号的对应关系）。要编写定时器T0的中断程序，可参考如下函数定义指令：

```
void Timer0()   interrupt 1
{ ...
}
```

1.2.4.5　定时/计数器的结构

AT89S52单片机内部有3个16位定时/计数器，下面以其中的定时/计数器T0为例，介绍使用定时器中断控制流水灯的方法。

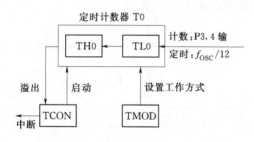

图1-17　定时/计数器T0结构框图

如图1-17所示为定时/计数器T0的结构框图，T0的组成包括以下几部分。

1. TH0和TL0

定时/计数器T0由两个8位的寄存器TH0和TL0组合为16位的加法计数器，用于对定时或计数脉冲进行加法计算。TH0和TL0中预先存放初始值，进行加1计算时，它们的值随之而变化。

2. 定时器方式寄存器TMOD

TMOD是一个8位的特殊功能寄存器，用于设置定时/计数器的工作方式，高4位控制T1，低4位控制T0，格式如下：

D7	D6	D5	D4	D3	D2	D1	D0
GATE	C/$\overline{T}$	M1	M0	GATE	C/$\overline{T}$	M1	M0

分析低4位各位的功能，以便了解控制T0的方法，而控制T1的方法相同。

（1）GATE。门控位，用来指定定时/计数器的启动控制，一般将其设为0，则只需设置TCON寄存器中的TRi就可以启动定时/计数器Ti。

（2）C/$\overline{T}$。定时/计数方式选择位。C/$\overline{T}$＝0，为定时方式，对 $f_{osc}/12$ 脉冲信号进行加1计数；C/$\overline{T}$＝1，为计数方式，对P3.4引脚的计数脉冲进行加1计数。

（3）M1、M0。工作方式选择位。用以选择定时/计数器的工作方式，见表1-6。

表 1-6   **定时/计数器的工作方式**

M1	M0	方式	说　明
0	0	0	13 位计数器，TLi 的低 5 位和 THi 的 8 位构成 13 位
0	1	1	16 位计数器，TLi 的 8 位和 THi 的 8 位构成 16 位
1	0	2	8 位计数器，能自动重装初值，TLi 用以存放过程值，THi 存放初值
1	1	3	T0 分成 2 个独立的 8 位计数器，T1 可工作在方式 0～方式 2

3. 定时器控制寄存器 TCON

在本例中仅使用定时器 T0，所以只需用到 TCON 中的 TR0 位启动定时器 T0；当 T0 计满溢出时自动将 TCON 中的 TF0 置 1，向 CPU 发出中断请求。

1.2.4.6 定时/计数器工作过程和初值计算

1. 定时/计数器的工作过程

参考图 1-17 所示的 T0 结构图进行分析。

（1）给 TMOD 送控制字设置 T0 的工作方式。

（2）给 TH0、TL0 送初值。

（3）设置 TCON 中的 TR0 位为 1，启动 T0，开始进行计数。

（4）计数、溢出过程。当 T0 接收到 1 个脉冲时就进行加 1 计数，再接收则再加 1，直到 TH0、TL0 计满溢出，TCON 中的 TF0 位自动置 1，向 CPU 发出中断请求，若 CPU 允许 T0 中断，则主程序暂时停止而转去执行中断程序。

需要注意的是，在方式 0、1、3 下工作时，TH0、TL0 计满溢出时，TH0＝TL0＝ 0，需重新设置初值；在执行中断程序时，若 T0 接收到脉冲信号，则继续进行加 1 计数。

2. 初值的计算

各种工作方式的主要区别是参与计数的位数不同，那么最大计数值（计满发生溢出时的值）也随之而不同，方式 0、1、2 的最大计数值分别是 2^{13}、2^{16}、2^8。

（1）当 T0 作为定时器使用时：计数脉冲的频率为 $f_{osc}/12$，即每隔一个机器周期计数 1 次（或每计 1 次的时间为 1 个机器周期），所以定时时间 Δt 可表示为

$$\Delta t = (2^n - 计数初值) \times 机器周期 = (2^n - 计数初值) \times 12/f_{osc}$$

（2）作为计数器使用时：计数脉冲从 P3.4 引脚送入，计数值 C 可表示为

$$C = 2^n - 计数初值$$

（3）计数初值的计算：当已知定时时间或计数值时，就可以根据上面的计算式推出如下计算式完成计数初值的计算。

$$计数初值 = 2^n - \Delta t \times f_{osc}/12 \quad （作定时器用）$$

$$计数初值 = 2^n - C （做计数器用）$$

例如，当需要利用 T0 计数 10000 次，要计算初值。

分析：因为 $2^8 = 256 < 10000$，而 $2^{13} = 8192 < 10000$，所以只能采用方式 1（16 位）。

$$计数初值 = 2^{16} - 10000 = 65536 - 10000 = 55536$$

3. 利用 C51 赋值语句为 TH0、TL0 赋值

利用 C 语言强大的计算功能，可以很方便地将计数初值送入寄存器 TH0 和 TL0 中。

在编程时可直接采用下面的语句，其中，$x = \Delta t \times f_{osc}/12$ 或 $x = C$。

（1）方式 0（13 位）：TH0 = (8192 − x)/32；TL0 = (8192 − x)%32。

（2）方式 1（16 位）：TH0 = (65536 − x)/256；TL0 = (65536 − x)%256。

（3）方式 2（8 位）：TH0 = 256 − x；TL0 = 256 − x。

1.2.4.7　使用定时器 T0 中断控制流水灯

要求利用定时器 T0 中断控制流水灯，亮灯的时间间隔为 1s（已知晶振频率 f_{osc} = 12MHz）。

1. 准备工作

使用定时中断需要完成的准备工作有：①设置定时器工作模式（设置 TMOD）；②设置定时器 T0 初值（设置 TH0、TL0）；③允许定时器 T0 中断（设置 IE，或单独设置 EA、ET0）；④启动定时器（设置 TCON 或单独设置 TR0）；⑤编写定时器 T0 中断程序。

（1）设置 TMOD。已知晶振频率 f_{osc} = 12MHz，定时时间 Δt = 1s，那么计数值

$$x = \Delta t \times f_{osc}/12 = 1 \times 12 \times 10^6/12 = 10^6 = 1000000$$

但三种工作方式的最大计数值为 2^{16} = 65536 < 1000000。解决方法：根据 1000000 = 50000 × 20，将计数值设为 50000，并设置一个变量 T_Count，每计 50000 次则发生中断，在中断程序中累加变量 T_Count，直到其值为 20 才从 P3 口输出控制信号让发光二极管亮。所以初定计数值为 50000，则采用方式 1，故 TMOD = 0x01（低 4 位为 0001B，其中 C/$\overline{T}$ = 0，表示作为定时器使用；M1、M0 分别为 0 和 1，表示工作在方式 2）。C51 指令为

$$TMOD = 0x01;$$

（2）设置初值 TH0、TL0。由上述分析可知 T0 工作在方式 1（16 位），计数值为 50000，得计数初值。C51 指令为

$$TH0 = (65536 − 50000)/256；TL0 = (65536 − 50000)%256;$$

（3）允许 T0 中断。可单独设置 EA 和 ET0，更易于理解是控制定时器 T0。C51 指令为

$$EA = 1；ET0 = 1;$$

（4）启动定时器。设 TR0 为 1 即可。C51 指令为

$$TR0 = 1;$$

（5）定时器 T0 中断程序。在中断程序中，需进行变量 T_Count 的累加和判断，最重要的是要控制 P3 口输出流水灯。

2. 参考程序

```
#include <reg52.h>              //包含 AT89S52 单片机的头文件
unsigned char T_Count = 0;      //定义全局变量 T_Count,且设初值为 0
unsigned char n = 0x01;         //定义全局变量 n,设初值为 0
void main()                     //主函数
{
    TMOD = 0x01;                //设置工作方式,T0 工作于方式 1
```

```
    TH0 = (65536 −50000) / 256;        //设置计数初值 TH0、TL0
    TL0 = (65536 −50000) % 256;
    EA=1;                              //开放 CPU 中断
    ET0=1;                             //允许 T0 中断
    TR0=1;                             //启动 T0,开始计数(计时)
    while(1);                          //循环指令,功能是等待 T0 中断
}
void Timer0( ) interrupt 1             //定义 T0 中断函数 Timer0(),中断号为1
{
    TH0 = (65536 −50000) / 256;        //重设计数初值 TH0、TL0
    TL0 = (65536 −50000) % 256;
    if(++T_Count == 20)                //变量 T_Count 加 1 后与 20 比较
//如果 T_Count 等于 20,表示已到定时时间 1s,执行下述指令
    {
        P3 = ~n;                       //n 取反后送 P3
        n = n≪1;                       //处理 n 值,实现流水灯
        if (n == 0) n=0x01;            //处理 n 值,若 n 等于 0,则重设初值 0x01
        T_Count = 0;                   //重新设置 T_Count 为 0,继续 1s 定时
    }
}
```

上述参考程序中,使用了 n 作为传递流水灯信号的变量,设为全局变量,使之可以在不同函数间调用,且能够保持其值不会因为重定义而丢失。使用了条件语句 if( ),形式为 "if (条件表达式)",例如程序中使用到语句 "if(++T _ Count == 20)",表示当 ++T _ Count 等于 20 成立时,括号中的表达式结果为 1,满足条件,执行 if 语句后大括号 { } 中的的指令。

如前所述,C51 语言的功能极其强大,可以用各种方式编写程序,实现同样的效果。

1.2.5 单片机的存储器和查表法的应用

1.2.5.1 关于存储器的两个概念

1. 存储容量

存储器是由许多存储单元组成,每个存储单元又由若干个存储元组成,每个存储元存放 1 位二进制代码,称为 "位"(bit)。存储容量是表示存储器存放信息量的指标,容量越大,所能存储的信息就越多。一个存储器芯片的容量常用有多少个存储单元以及每个存储单元可存放多少位二进制数来表示。例如,某存储器芯片有 1024 个单元,每个存储单元可存放 8 位二进制数,则以 1024×8 表示该存储器芯片的容量。而在计算机中,1K = 2^{10} =1024,这样,上述存储器芯片的容量便可记为 1K×8。在单片机系统中,存取数据时常以 "字节"(Byte)为单位,一个字节由 8 位二进制组成,因此,表示存储器容量时更常见的是 KB(千字节)。语言描述上,通常称为 "1024 个单元" 或 "1024 字节"。各容量单位的相互关系为

$$1GB = 2^{10} MB = 2^{20} KB = 2^{30} B$$

2. 存储地址

为了能够随机地对存储器中的任意单元进行数据存取，给存储器中的所有单元进行了编号，这个编号就是存储地址。例如，容量为16个单元的存储器，它的单元地址编号为0～15，习惯上用十六进制表示为0x00～0x0F；容量为1024单元的存储器，它的单元地址编号则可表示为0x0000～0x03FF，当需要对存储器的某一单元进行数据存取时，则利用它的地址（如0x0100）进行赋值操作即可。例如XBYTE[0x0100]=0x45。

1.2.5.2　AT89S52单片机的存储器结构

AT89S52单片机内部有独立的ROM（程序存储器）和RAM（数据存储器）以及SFR（特殊功能寄存器），外部可访问64KB的程序存储器和数据存储器。如图1-18所示为AT89S52单片机的存储器结构。

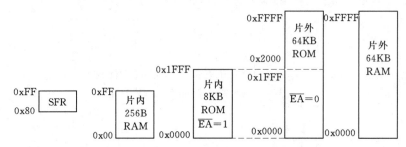

图1-18　AT89S52单片机的存储器结构

如图中所示，在物理结构上，其存储器分为特殊功能寄存器（SFR）、片内数据存储器、片内程序存储器、片外程序存储器、片外数据存储器5个存储空间。其中ROM的访问为片内外统一编址，主要由单片机的控制线 $\overline{EA}$ 的信号来决定。一般来说，AT89S52单片机内部有8KB的ROM，足够保存控制程序，所以在电路中将 $\overline{EA}$ 接高电平，控制访问片内ROM。

在C51语言中，通过将变量、常量定义成不同的存储类型（data、xdata、code），从而将它们定义在不同的存储区中。表1-7列出了C51存储类型与单片机存储空间的对应关系。

表1-7　　　　　　　　　C51存储类型与单片机存储空间的对应关系

存储类型	与存储空间的对应关系	地址范围
data	直接寻址片内数据存储区（前128B）	0x00～0x7F
idata	间接寻址片内数据存储区（256B）	0x00～0xFF
xdata	片外数据存储区（64KB）	0x0000～0xFFFF
code	程序存储区（64KB）	0x0000～0xFFFF

注　访问特殊功能寄存器可直接利用头文件reg52.h中定义的符号即可，参考表1-2中的符号，如P0等。

例如：指令"unsigned char data DES;"，定义了片内数据存储区中的一个变量DES；

指令"unsigned char code DA＝0x54;",定义了程序存储区中的一个变量 DA＝0x54。

1.2.5.3 利用查表方式实现流水灯

1. 查表法的基本概念

通过指令在程序存储器中定义一组数据(称为"表"),在需要时取出数据进行运算或控制,这种方式叫做查表。

在单片机的控制过程中,控制对象的各种状态可以预先人为确定,那么将产生各种状态的控制字(数据)预先存放在程序存储器中,在程序中按规则依次调用,这种方式为单片机控制系统提供了非常便利的功能。

例如,在实现流水灯的控制过程中,8 个发光二极管的显示状态能够预先确定,分别为 0xFE、0xFD、0xFB、0xF7、0xEF、0xDF、0xBF、0x7F,只需将这组状态控制字保存在程序存储器中,再依次取出送 P3 口就能够实现流水灯的效果。这种方式比较前述的几种方式更为直观。

2. 查表法参考程序

```
#include <reg52.h>            //包含89S52单片机的头文件
//定义数组变量 Table[]放置在程序存储器中,数组值为流水灯的8种状态值
unsigned char code Table[]={0xFE,0xFD,0xFB,0xF7,0xEF,0xDF,0xBF,0x7F};
void DelayMS(unsigned int ms)    //延时函数
{
   unsigned char i;
   while(ms--) for(i=0;i<120;i++);
}
void main()        //主函数
{
   unsigned char n;      //定义变量 n
   while(1)
   {
     for(n=0;n<8;n++)     //循环8次
     {
       P3=Table[n];  //根据n值取数组中的相应数据送 P3 口
       DelayMS(500);
     }
   }
}
```

3. 查表程序分析

在上述参考程序中,能够实现流水灯的控制,关键指令为如下两条:

(1)"unsigned char code Table[]={0xFE,0xFD,0xFB,0xF7,0xEF,0xDF,0xBF,0x7F}"。其中"unsigned char code Table[]"定义了程序存储器中的一个表,表内容为大括号 { } 中的数。

(2)指令"P3=Table[n];"。根据 n 值的变化依次取出表 Table[ ] 中的各个数据,用以控制 P3 口。

利用同样的方法，也可以定义表 Table1[]，通过指令"P2＝Table1[n]；"控制 P2 口。在实验板中，连接到单片机的 I/O 口共 4 组 32 个发光二极管，由 P0～P3 进行控制，那么根据上述原理，定义不同的表，用以控制 P0～P3 口，实现对 32 个发光二极管的各种花样的控制，实现不同的霓虹灯的效果。

另外，若在指令中使用 unsigned char Table[] 定义数据表，则该数据表默认存放在片内数据存储器中，而片内 RAM 的空间仅为 256B，存储容量有限，所以应利用片内 ROM，而在指令中使用 code 类型。

任务 1.3 继 电 器 控 制 器 制 作

知识目标	键盘接口技术、按键去抖动的方法、单片机键盘控制程序设计、继电器工作原理及应用、理解程序流程图、C51 语言程序分析及应用、C51 语言的开关语句 switch( )
技能目标	键盘应用系统的接线、继电器控制电路接线及应用、C51 语言程序设计
使用设备	单片机最小系统（主机模块）、继电器控制实验板、导线、PC
实训要求	利用主机模块控制实验板上的按键和继电器，实现的效果为：当对实验板上的按键 S1 按下又放开时（简称"按放"），继电器 K1 接通，再按放 S1，则 K1 断开；当按放 S2 时，继电器以点动方式实现流水灯效果（即按放一次 S2，一个继电器接通，再按放一次 S2，则下一个继电器接通，依次循环）；当按放 S3 时，8 个继电器以流水方式自动依次接通；当按放 S4 时，所有继电器关闭
实训拓展	1. 不改动接线，修改源程序，要求当按下 S1 按键时，8 个继电器以流水形式从 K8 到 K1 依次接通，且为自动延时接通，其他按键功能不变 2. 改变接线，将按键 S1～S4 的导线接到主机模块 P0.4～P0.7，将继电器 K1～K8 的输入线接到主机模块 P2.0～P2.7，修改源程序，使之能够实现与拓展要求 1 同样的效果
实训报告	报告的格式和主要内容见附录，同时注意对实训拓展作较详细的说明

1.3.1 继电器控制器操作指导

在单片机应用系统中，通常使用键盘完成人机对话，实现控制命令及数据的输入，键盘是人机交流不可缺少的输入设备。在本任务中将学习单片机的按键控制技术，为在后续的单片机应用系统中使用键盘打下基础。

1. 单片机最小系统电路

图 1-19 为主机模块的电路原理图，即单片机最小系统电路原理图。在本书后续内容中如无特别说明，则主机模块都是指此电路。

2. 继电器控制实验板

图 1-20 为继电器控制实验板实物图。

3. 电路连线

继电器控制器接线表见表 1-8，使用导线按接线表进行连线。

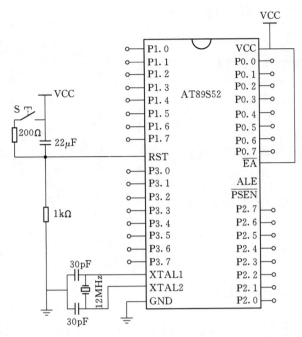

图 1-19 单片机最小系统电路原理图

图 1-20 继电器控制实验板

表 1-8 继电器控制器接线表

主 机 模 块	继电器控制实验板
+5V	+5V
GND	GND
P0.0～P0.3	P0.0～P0.3
P1.0～P1.7	P1.0～P1.7
下载线接口，接下载线，与电脑并口连接	
电源接口，接变压器，提供 5V 电源	

4. 使用伟福 6000 软件编写、编译程序

任务 1.3 参考源程序如下：

#include 〈reg52.h〉	//包含 89S52 单片机的头文件
#define uchar unsigned char	//定义宏 uchar 为 unsigned char 类型
#define uint unsigned int	//定义宏 uint 为 unsigned int 类型
sbit P1_0=P1^0;	//位定义,定义变量 P1_1 为 P1.0 位
uchar k;	//利用宏 uchar 定义变量 k 为 unsigned char 类型
uchar n=1;	//利用宏 uchar 定义变量 n,且赋值为 1
void DelayMS(uint ms)	//延时函数
{	
uchar i;	
while(ms--) for(i=0; i<120; i++);	
}	

```
//键扫描函数,利用宏 uchar 定义而不用 void,表示该函数有返回值
uchar Key_Scan( )
{
    P0=0xFF;            //使用 P0 作为输入口检测按键状态,需先送高电平
    k=P0;              //读入 P0 口的按键状态,送入变量 k 中
    if(k!=0xFF)        //如果 k 不等于 0xFF,表示有按键按下
    {
      DelayMS(10);       //延时 10ms,作用是按键去抖动
      if (k!=P0) k=0xFF;  //如果 k 不等于 P0,则 k=0xFF
      while(P0!=0xFF);   //等待按键放开
    }
    return(k);         //函数返回值为 k 值,调用本函数,则会返回 k 值
}


void main( )           //主函数
{
  P1=0x00;          //初始化 P1 口,输出 0x00,所有继电器断开
  while(1)
  {
    Key_Scan();        //调用 Key_Scan 函数,扫描键盘
PD:  switch(k)          //开关语句,判断 k 值,此处设置标号 PD
    {
      case 0xFE: P1=P1&0x01;   //若 k=0xFE,表示按下 S1
                 P1_0=~P1_0;
                 break;
      case 0xFD: P1=n;           //若 k=0xFD,表示按下 S2
                 n<<=1;
                 if(n==0) n=1;
                 break;
      case 0xFB: while(1)         //若 k=0xFB,表示按下 S3
                 {
                   for(n=1;n!=0;n<<=1)
                   {
                     P1=n;
                     DelayMS(500);
                     Key_Scan();
                     if (k!=0xFF) break;
                   }
                 if(k!=0xFF) goto PD;
                 }
                 break;
      case 0xF7: P1=0x00;      //若 k=0xF7,表示按下 S4
    }
  }
}
```

5. 将控制程序烧录到单片机

本任务依旧采用的是 Easy 51Pro 软件进行烧录操作，请参考 1.1.2、1.1.3 进行。

6. 操作并观察记录实验板效果

按如下步骤操作并观察记录实验板效果：

（1）按 S1 键（P0.0 对应的按键）。完成一次 S1 键的按键动作（即按下并放开按键），可听到继电器接通的声音，并且继电器 K1 上方的发光二极管亮，表示继电器接通；再按一次 S1 键，可查看到继电器 K1 断开，发光二极管灭。反复按 S1 键，了解按键控制效果。

（2）按 S2 键（P0.1 对应的按键）。按一次 S2 键，可查看到继电器 K1 接通；再按一次 S2 键，则 K1 断开，K2 接通；再按一次 S2 键，则 K2 断开，K3 接通；反复按下 S2 键，可观察到 8 个继电器以流水形式依次接通。

（3）按 S3 键（P0.2 对应的按键）。按一次 S3 键，可观察到 8 个继电器以流水形式为 K1～K8 依次接通，且为自动延时接通。若再按，则继电器的接通顺序仍为 K1～K8。

（4）按 S4 键（P0.3 对应的按键）。按一次 S4 键，则全部继电器断开，发光二极管全灭。

（5）在自动循环接通继电器的过程中（按 S3 键的效果），按下其他任意按键，都能够停止自动循环。按照其他按键的功能可实现继电器的控制动作。

1.3.2　键盘接口电路及按键程序设计

1. 继电器控制器电路原理图

图 1-21 为继电器控制器电路原理图。其中省略了主机模块的电路，仅以 P1.0～P1.7 和 P0.0～P0.3 来表示与主机模块的连接线路。

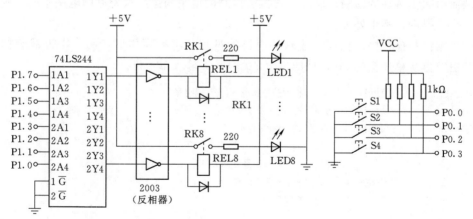

图 1-21　继电器控制器电路原理图

2. 键盘接口电路

键盘实际上是一组按键开关的集合，为 4 个独立式按键的接口电路，其中每一个按键就是一个开关量输入装置，如图 1-22 所示。键的闭合与否取决于机械弹性开关的通、断状态，反映在电压上就是呈现出高电平或低电平。一般来说，在按键电路中，高电平表示键断开，低电平表示键闭合。所以，通过电平状态（高或低）的检测，便可确定相应按键是否已被按下。

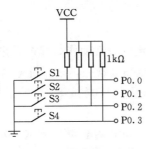

图 1 - 22　键盘接口电路

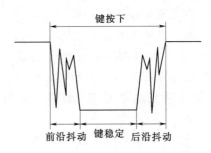

图 1 - 23　按键抖动波形示意图

3. 按键去抖动技术

无论是按键还是键盘，都是利用机械触电的闭合与断开来确认键的输入。由于按键机械触点的弹性作用，在闭合及断开瞬间均伴随着有一连串的抖动过程，其波形如图 1 - 23所示。抖动时间的长短与开关的机械特性有关，一般为 5～10ms，而按键的稳定闭合期，由操作人员的按键动作所确定，一般为十分之几至几秒。为了保证单片机对按键的一次闭合只作一次按键处理，必须去除抖动影响。

通常去抖动有硬件和软件两种方法，硬件方法可采用 RS 触发器等消抖电路，但当按键的个数较多时，硬件去抖电路会非常复杂，所以一般情况下，多采用软件的方法来去除抖动的影响。

（1）软件消抖方法。当第一次检测到有键按下时，先用软件延时 10～20ms，然后再次检测，确认该键电平是否仍维持闭合状态电平。若保持闭合状态电平，则认为此键确已按下从而消除了抖动的影响；反之，若再次检测的电平与第一次检测的电平不同，则认为该次动作为抖动，不予处理。

（2）键盘扫描程序。根据上述软件消抖的过程，可编写如下代码，作为键盘扫描程序，其中键盘从单片机的 P0 口低四位 P0.0～P0.3 输入单片机。

```
P0=0xFF；        //使用 P0 作为输入口检测按键状态,需先送高电平
k=P0；          //读入 P0 口的按键状态,送入变量 k 中
if(k!=0xFF)     //如果 k 不等于 0xFF,表示有按键按下
{
    DelayMS(10)；        //延时 10ms,作用是按键去抖动
    if (k!=P0)  k=0xFF；    //如果 k 不等于 P0,则 k=0xFF
    while(P0!=0xFF)；       //等待按键放开
}
```

在上述程序中：

语句 "k—P0；" 表示第一次检测按键状态，将按键状态值送变量 k。

语句 "if(k!=0xFF)" 表示当 k 值（及 P0 的按键状态）为 0xFF 时，没有按键按下；反之，当 k 值不等于 0xFF 时，说明检测到 P0.0～P0.3 的某一引脚为低电平，有键按下。

语句 "DelayMS(10)；" 表示延时 10 ms，去除抖动影响。

语句"if(k!＝P0)k＝0xFF;"表示条件"k!＝P0"中，k 为第一次检测的结果，P0 为延时 10 ms 后按键的状态值，若第一次与第二次的检测结果不相等，说明不是一次有效的按键输入，则设变量 k 为 0xFF，在主程序中判断 k 值，若为 0xFF，表示无按键按下；

语句"while(P0!＝0xFF);"表示如果 P0 不等于 0xFF，表示依旧有按键按下。本条语句的功能是等待所有按键放开，才能继续执行后续指令。

4. 确定按键位置方法

根据图 1－22 所示按键电路可知，当按下 S1 键时，单片机的 P0.0＝0；当按下 S2 时，P0.1＝0；当按下 S3 时，P0.2＝0；当按下 S4 时，P0.3＝0。根据这一电路原理，可以通过各种方式编写程序，用以判断哪个按键被按下。在本任务提供的源程序中，使用了如下指令来确定按键的位置。

```
switch(k)
{
    case 0xFE: … break;
    case 0xFD: … break;
    case 0xFB: … break;
    case 0xF7: …
}
```

在按键扫描程序中，若检测到无按键按下，k 值为 0xFF；而当检测到有效按键动作时，k 值为 P0 口状态。4 个按键单独按下时，对应的 k 值分别是 0xFE、0xFD、0xFB 和 0xF7，见表 1－9。

表 1－9　　　　　　　　　　　按键按下对应 P0 口状态表

按键 Sn 按下	P0 状　态	备　　注	k　值
S1	11111110 B	P0.0 = 0	0xFE
S2	11111101 B	P0.1 = 0	0xFD
S3	11111011 B	P0.2 = 0	0xFB
S4	11110111 B	P0.3 = 0	0xF7

在程序中，利用 C51 语言中的开关语句 switch 实现多方向条件分支处理，由 switch（k）判断从键盘扫描程序中得到的 k 值，利用 case 关键字来判断当 k 值为 0xFE（或 0xFD、0xFB、0xF7）时，则执行相应的处理程序，处理完后执行 break 指令退出按键判断。

1.3.3　继电器及其控制电路

1.3.3.1　继电器

继电器是一种电子控制器件，具有控制系统（又称输入回路）和被控制系统（又称输出回路），通常应用于自动控制电路中。它实际上是用较小的电流去控制较大电流的一种"自动开关"。故在电路中起着自动调节、安全保护、转换电路等作用。

在实验板上使用的继电器为电磁式继电器，它一般由铁芯、线圈、衔铁、触点簧片等组成。只要在线圈两端加上一定的电压，线圈中就会流过一定的电流，从而产生电磁效应，衔铁就会在电磁力吸引的作用下克服返回弹簧的拉力吸向铁芯，从而带动衔铁的动触点与静触点（常开触点）吸合。当线圈断电后，电磁的吸力也随之消失，衔铁就会在弹簧的反作用力下返回原来的位置，使动触点与原来的静触点（常闭触点）吸合。这样吸合、释放，从而达到在电路中的导通、切断的目的。对于继电器的"常开、常闭"触点，可以这样来区分：继电器线圈未通电时处于断开状态的静触点，称为"常开触点"；处于接通状态的静触点称为"常闭触点"。

1.3.3.2　继电器控制原理

1. 继电器控制原理图

图1-24为实验板中继电器控制原理图。图中 REL1 为继电器，RK1 为该继电器的常开触点。继电器的控制信号由 P1.0 取反后输入。

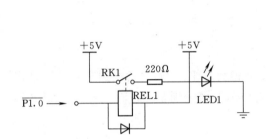

图1-24　继电器控制原理图

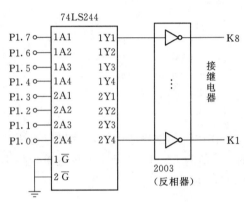

图1-25　继电器驱动电路

根据电路接线可知，当 P1.0＝1 时，取反后输入继电器一端的信号为低电平，另一端为高电平，使继电器线圈得电，将常开触点 RK1 吸合，从而发光二极管 LED1 电路接通，LED1 亮。

2. 继电器驱动电路

图1-25为继电器驱动电路，电路中有缓存器74LS244和2003（高压大电流达林顿晶体管阵列电路芯片）。

（1）74LS244芯片。为三态输出的8组缓冲器和总线驱动器，当引脚 $\overline{1G}$ 和 $\overline{2G}$ 接地时，A端输入的 P1.0～P1.7 信号从 Y 端输出，状态不变，它的作用是隔离单片机引脚与外部电路，并且增大单片机 I/O 口的驱动能力。

（2）2003芯片。为高压大电流达林顿晶体管阵列电路，具有电流增益高、工作电压高、温度范围宽、带负载能力强等特点，在此电路中，将 P1.0～P1.7 送来的信号取反后，用以驱动电磁式继电器。

1.3.4　继电器控制源程序分析

1.3.4.1　宏定义指令

在源程序中，采用指令"＃define uchar unsigned char"定义宏 uchar 为 unsigned

char 类型，那么在后续的指令中，就可以利用宏 uchar 去进行定义，如通过指令"uchar k;"定义的变量 k 的类型为"unsigned char"。

1.3.4.2 键盘控制程序结构

对于键盘控制程序来说，单片机的控制过程是：检测键盘状态——→按照按键要求执行按键处理程序——→返回键盘检测状态继续检测。所以，在应用键盘的单片机系统中，编写的控制程序应包括按键判断与任务处理两部分程序。

1. 按键判断程序

使用函数 Key_Scan() 完成对键盘的扫描检测，这个函数的分析已在前述知识要点中说明。

2. 任务处理程序

本任务共分 4 点要求，分别在按下 S1～S4 四个键时完成要求。

（1）当按下 S1 时：

$$P1 = P1 \& 0x01;$$
$$P1\_0 = \sim P1\_0;$$

任务要求当按下 S1 键时，继电器 K1 接通（或断开）。首先，通过指令"P1＝P1&0x01;"使 P1 和 0x01 进行逻辑与操作，仅保留 P1 口的 P1.0 引脚的状态，其他引脚全部清 0；其次执行指令"P1_0＝～P1_0;"，则无论 P1.0 引脚原来为何种状态（通或断），那么执行该指令后，都进行取反操作，使原先的通状态变为断（或断状态变为通），完成要求。

（2）当按下 S2 时：

$$P1 = n;$$
$$n \ll = 1;$$
$$if(n == 0)n = 1;$$

任务要求当按下 S2 键时，继电器为点动流水效果。执行过程流程如图 1-26 所示。首先，通过指令"P1＝n;"给 P1 送初值 0x01，则 P1.0 所接继电器 K1 接通；其次执行指令"n≪＝1;"，该指令为复合赋值，在赋值运算符"＝"前加上左移运算符"≪"，执行的效果相当于"n＝n≪1"，左移后将 0x02 保存在全局变量 n 中，准备在下次按 S2 键时，将 0x02 送 P1 使继电器 K2 接通；n 左移 8 次后将变为 0x00。若不处理，那么该值将使 P1 所接继电器全部断开，不能满足任务要求，所以采用条件指令"if(n==0)n=1;"对 n 值进行修复，功能是若 n 值为 0，则重新赋初值 1。

（3）当按下 S3 时：任务要求继电器实现自动流水效果，其中的"自动"与其他按键的点动要求都不一样。在此处，采用了循环语句 while(1) 进行无限次的循环，实现自动的效果。在循环语句"for(n=1;n!=0;n≪=1)"中，实现了继电器自动流水的效果，即设 n 初值为 1，当 n 左移 1 位后不等于 0，则继续执行循环体中的 P1＝n 以及延时；当循环过程中按下任意按键，程序应终止循环，转去执行按键判断及按键处理程序，所以在循环体中应增加按键扫描以及判断指令。执行过程流程如图 1-27 所示。在 for 循环体中，如果扫描后得到的 k 值不等于 0xFF，表示有键按下，则使用 break 退出 for 循环；在 while 循环体中，如果有键按下，则使用"goto PD"指令跳转到标号为 PD 的位置执行 switch(k) 开关语句，判断应执行哪个按键处理程序。

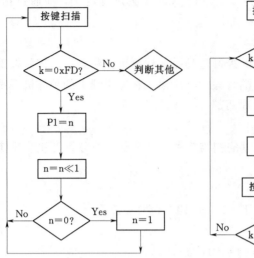

图1-26 点动流水效果流程图

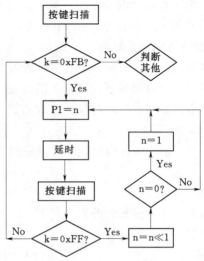

图1-27 自动流水效果流程图

```
while(1)
{
    for(n=1;n!=0;n≪=1)
    {
        P1=n;
        DelayMS(500);
        Key_Scan();
        if(k!=0xFF)break;
    }
    if(k!=0xFF)goto PD;
}
```

（4）当按下 S4 时：此时所有继电器关闭，只需执行指令"P1=0x00；"即可实现。

任务1.4 单片机应用系统制作

知识目标	单片机应用系统的设计及制作和应用、电路原理图（SCH 图）和印制电路板图（PCB 图）的设计、单片机应用系统中一些常用元器件的应用、单片机应用系统程序的设计
技能目标	印制电路板制作的基本方法和步骤及技巧、单片机简单应用系统的制作及应用
使用设备	PC、电路板转印机、打印机、电烙铁、万用表
实训要求	参考电路原理图，完成元器件的选择和购买；完成 SCH 图和 PCB 图的设计；完成单片机简单应用系统和下载线的制作和调试
实训报告	内容应包含印刷电路板制作的基本方法、过程及在制作中遇到的问题和解决方法

1.4.1　单片机应用系统制作操作指导

单片机应用系统是指以单片机为核心，配以一定的外围电路和软件，能实现某些功能的应用系统。它由硬件和软件两部分组成，因此单片机应用系统的设计包括硬件设计和软件设计两大部分。为保证系统能可靠工作，在软、硬件的设计中，还要考虑系统的抗干扰能力，即设计过程中还包括系统的抗干扰设计。制作单片机简单应用系统就要完成软、硬件两部分的设计、制作、调试。

1.4.1.1　电路原理图

为便于进行电路设计和调试，首先应了解电路原理。图 1-28 为单片机应用系统电路原理图。电路中设计有多个单排插座，通过插座连接线路可完成与外设的连接，实现单片机应用系统的扩展。

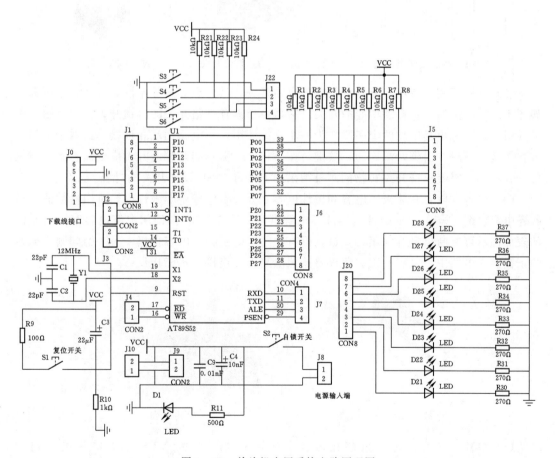

图 1-28　单片机应用系统电路原理图

1.4.1.2　元器件的选择与使用

（1）发光二极管。如图 1-29 所示，可由发光二极管的两个引脚的长短直接判断出发光二极管的正、负极，也可用万用表测量判断出发光二极管的正、负极。在电路中，发光二极管的正、负极要按照电路正确连接，不能接反。

（2）复位开关。市场上有各种各样的复位开关，其外形和尺寸不同。任务中选择的复位开关可用图 1-30 所示的开关。它的四个引脚中两个为一组，为常通状态，用这两组的各自一个引脚与电路两端连接就可。使用前用万用表测量出四个引脚的关系，接到电路时达到按键按下时，电路两端连通，按键放开时电路的两端断开的作用。制作电路板前，可用 Protel 99SE 画电路原理图和 PCB 图，画图前应根据复位开关实物先测量引脚的关系，选择好作为开关两端的两个引脚，并且要较精确地测量出开关的外形尺寸、引脚间距，根据测量结果用 Protel 99SE 设计开关的封装。

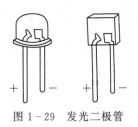
图 1-29 发光二极管

图 1-30 复位开关

图 1-31 自锁开关

（3）自锁开关。市场上有各种各样的自锁开关，其外形和尺寸不同，本任务中可选择如图 1-31 所示的具有自锁功能的开关。它是一个具有三路开关的自锁开关，用万用表测量其引脚，选择出其中的两个引脚作为一个开关使用，与电路两端相连接。这两个引脚应该在按键按下时，引脚两端连通，按键再按下一次，引脚的两端断开。应该注意到，与复位开关一样，需要根据开关实物的测量结果用 Protel 99SE 设计开关的封装。

（4）电容。电容有非极性电容和极性电容之分。本任务中非极性电容可由参数值选择陶瓷电容（图 1-32），而极性电容选择电解电容（图 1-33）。使用电解电容时，由元件的表面标示可判断出电容的正、负极。标有"—"的引脚为电容负极，另一引脚则为电容的正极。在电路中，电容的正、负极要按照电路正确连接，不能接反。

图 1-32 陶瓷电容

图 1-33 电解电容

（5）单片机芯片。选择目前在市场上应用非常广泛的 MCS-51 单片机系列的 AT89S52（或 AT89S51）单片机芯片，可以快速地改写程序，并可通过 ISP 下载线将单片机最小系统板与 PC 连接，实现在线编辑、修改、烧录程序。

（6）晶体振荡器。一般选择振荡频率为 6～12MHz 的晶体振荡器，但考虑到系统扩展后可应用于通信，故建议选择频率为 11.0592MHz 的晶体振荡器。在电路板中晶体振荡器要靠近单片机的 XTAL1、XTAL2 引脚。

1.4.1.3　印制电路板制作过程

1. 设计电路原理图（SCH 图）

按照图 1 - 28 所示，使用 Protel 99SE 画出电路原理图（SCH 图）。

2. 设计印制电路板图（PCB 图）

利用 Protel 99SE 软件提供的 PCB 图生成工具，设计印制电路板图。在设计过程中，需要注意以下事项：

（1）画复位开关和自锁开关的封装。根据对复位开关，自锁开关的实物测量结果，用 Protel 99SE 画出复位开关和自锁开关的封装。

（2）元器件布局。布局时要考虑电源插座、开关放在易操作的位置；晶体振荡器要靠近单片机的 XTAL1、XTAL2 引脚；尽可能按照原理图的元器件安排对元器件进行布局。

（3）选用跨接线。在单面电路板的设计中，当有些铜膜线无法连接时，通常的做法是使用跨接线，跨接线的长度应该选择如下几种：6mm、8mm 和 10mm。

3. 打印 PCB 图

（1）用 Protel 99SE 完成 PCB 打印文档的设计。

（2）用普通激光打印机将 PCB 打印文档打印到转印纸的光滑面上。

若 PCB 图形较小，为充分利用转印纸，可在设计 PCB 打印文档时，将多个 PCB 图合为一个打印文档，实现在一张 A4 转印纸上打印多个 PCB 图。

4. 电路图的转印

将转印纸上的电路转移到覆铜板上。

（1）根据 PCB 图的尺寸，裁好敷铜板（电路板），并将边缘突起的毛刺用砂纸或砂轮打磨。

（2）用电路板抛光机或直接用细砂纸对敷铜板的敷铜面进行抛光或打磨。

（3）将转印纸上的图剪下，将有油墨的一面贴在敷铜板的敷铜面上，在前方即准备推入制版机的边上贴上纸质透明胶布。

（4）将电路板热转印机预热约 10min，温度设置在 200℃左右，然后将前方贴有透明胶布的电路板推入到热转印机。若为普通的热转印机一般需要在热转印机中过 3～4 次；若为数控型的热转印机则只需要 1 次即可；若没有热转印机，也可用电熨斗通过熨烫达到转印的目的。

（5）刚转印完成后的印制电路板（PCB）还很烫，先自然冷却，再揭掉转印纸。

5. 覆铜板的腐蚀

覆铜板上有碳粉覆盖的电路，也有光铜面，需要将铜面腐蚀，保留电路部分。

将覆铜板放入三氯化铁溶液（一般是用 40% 的三氯化铁和 60% 的温水），并均匀摇动，可观察到铜板的腐蚀进程。直到光铜面全部被腐蚀，取出铜板，将碳粉擦除，用水清洗净擦干即可。也可采用双氧水＋盐酸作为腐蚀液完成腐蚀过程。

6. 钻孔

视元器件引脚的大小一般会用到 0.7～1.4mm 范围内的钻头对电路板的焊盘及过孔进行钻孔。

7．在电路板上焊接元器件

（1）用万用表检测预安装的元器件，确保元器件没有损坏，确认开关的引脚。

（2）将元器件放到电路板的元器件面上对应的焊盘位置。原则是首先放置与结构紧密配合的固定位置的元器件，如电源插座、指示灯、开关和连接件等，再放置特殊的元器件和大元器件。例如，发热元件、变压器、集成电路等，最后放置小元器件，例如，电阻、电容、二极管等，元件尽量贴近电路板。

（3）用电烙铁、焊锡、助焊膏将各元器件焊接到电路板上。

8．调试电路

（1）不通电观察：眼观是否有虚焊、断线、短路现象及这方面的可疑，再用万用表确定，然后进行修正。

（2）通电观察：接通电源，观察电路有无异常现象，例如有无冒烟现象，有无异常气味，手摸集成电路外封装，是否发烫等。如果出现异常现象，应立即关断电源，待排除故障后再通电。

（3）用万用表测量电源电压、单片机的 VCC 与 GND 两端的电压是否为约为 5V，若相差很大，则重新检查、调试电路。

9．程序烧录

利用本任务中制作的下载线，直接与制作好的电路板进行连接，通过下载软件 Easy 51Pro 完成程序的烧录。

10．调试程序

（1）参考任务 1.1 中的电路和程序，根据本电路板的实际接线编写程序，观察发光二极管的亮灭有无变化，若无现象，则继续检查、调试电路，直到得到正确的现象。

（2）参考任务 1.2 中的程序，编写通过各 I/O 口控制 8 个发光二极管的程序，通电后，查看本电路板是否能够按程序要求实现控制，以检验此电路板各线路是否正常。

1.4.2　ISP 下载线的制作

使用 ISP 下载线，将单片机系统电路板与 PC 中的并口连接，就可实现对单片机系统进行在线编辑、修改、烧录程序，且 ISP 下载线制作简单、成本低，非常有助于学习单片机。

1．电路原理图

图 1-34 为并口 ISP 下载线的电路接线原理图及下载线所使用的元器件。

2．制作 ISP 下载线

根据电路中使用的元器件和接线原理图，完成元器件的采购与下载线的制作，其制作方法可参考本任务中单片机简单应用系统的制作过程。

实际上，考虑到下载线所需元器件较少，电路简单，焊接方便，也可采用万能板（即洞洞板）制作。实物如图 1-35 所示。

3．烧录软件

将 ISP 下载线一端连接至 PC 并行口，另一端连接至本任务中制作的电路板下载线接口，使用 Easy 51Pro 软件完成程序的烧录（该软件及软件使用说明可在互联网上下载）。

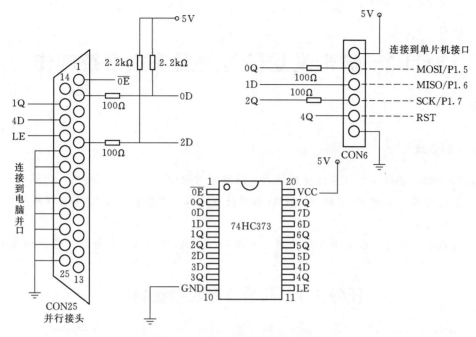

图 1-34　ISP 下载线接线原理图

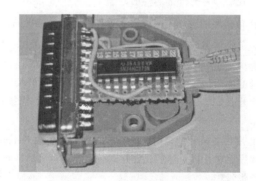

图 1-35　ISP 下载线实物图

项目2 波形发生器与数据采集系统制作

【教学目标要求】

知识目标：了解单片机系统扩展技术，理解单片机的片外三总线结构，理解外部芯片接口地址的计算，了解 D/A 转换、A/D 转换接口技术，掌握利用 C51 语言程序控制单片机外部芯片的方法。

技能目标：熟练掌握示波器的使用，掌握 D/A、A/D 转换接口电路的设计和应用。

任务 2.1 简易波形发生器制作

知识目标	D/A 转换接口技术、单片机系统扩展技术、单片机的片外三总线、接口地址的计算、利用 C51 语言控制单片机外部芯片的方法
技能目标	D/A 转换接口电路的设计、示波器在单片机应用系统中的使用
使用设备	单片机最小系统（主机模块）、D/A 转换实验板、示波器、导线、PC
实训要求	利用主机模块控制 D/A 转换实验板上的按键和 DAC0832 芯片，利用示波器观察从实验板上检测到的电压信号波形。实现的效果为：当拨通开关 S1，从示波器可观察到方波信号；当拨通开关 S2，从示波器可观察到锯齿波信号；当拨通开关 S3，从示波器可观察到三角波信号
实训拓展	1. 修改源程序中各波形的延时时间，即修改调用函数 DelayMS(n) 中的参数 n，重新编译、烧录程序至单片机，然后观察并记录示波器输出的各种波形，要求将输出波形图绘制在本任务报告中 2. 在上述实训要求的基础上，再增加一个开关 S4，当闭合开关 S4 时，单片机控制 D/A 转换芯片输出正弦波
实训报告	报告的格式和主要内容见附录，同时注意对实训拓展作较详细的说明，需绘制波形图，标注其中的电压值、周期等相关参数

2.1.1 简易波形发生器操作指导

在单片机应用系统中，利用单片机对外部设备进行控制时，若控制对象的参数是诸如温度、压力、位移和速度等模拟量，则应该将单片机直接输出的数字量转换为模拟量再驱动外部设备。数字量转换成模拟量的过程称为数/模转换（D/A 转换），实现 D/A 转换的器件叫做数/模转换器（D/A 转换器）。本任务是设计一个简易的波形发生器，利用单片机控制 D/A 转换器达到数字量转换为模拟量输出，通过示波器观察波形，了解 D/A 转换的基本原理和控制方法。

1. D/A 转换实验板

图 2-1 为完成本任务所需的 D/A 转换实验板。

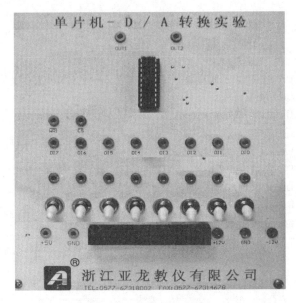

图 2-1　D/A 转换实验板

通过与主机模块的接线，利用单片机控制程序，控制 D/A 芯片输出模拟电压，可使用示波器观察输出波形。

2. 电路连线（表 2-1）

表 2-1　　　　　　　　　　　　D/A 转换实验板接线

主　机　模　块	D/A 实验板	主　机　模　块	D/A 实验板
P0.0～P0.7	DI0～DI7	P1.0～P1.2	S1～S3
P3.6	$\overline{WR1}$	P2.7	$\overline{CS}$

注　　D/A 转换实验板中的"+12V""GND""-12V"从实验台引入；OUT2 接示波器的通道 1(CH1)。

3. 使用伟福 6000 软件编写、编译程序

任务 2.1 参考源程序如下：

```
#include <reg52.h>          //包含 89S52 单片机的头文件
#include <absacc.h>         //包含头文件 absacc.h,用户可直接访问存储器
#define   DAC0832   XBYTE[0x7FFF]    //定义宏 DAC0832 为外部数据存储区 0x7FFF
unsigned   char n;
void  DelayMS(unsigned  int  ms)     //延时函数
{
    unsigned char i;
    while(ms--) for(i=0; i<120; i++);
}

void main()          //主函数
```

```
{
    while(1)
    {
        P1=0xFF;          //使用 P1 作为输入口检测按键状态,需先送高电平
        switch(P1)        //判断开关状态 P1,根据 P1 值确定执行哪个处理程序
        {
        case 0xFE: DAC0832=0xFF;          //P1=0xFF,表示开关 S1 闭合,输出方波
            DelayMS(10);
            DAC0832=0x00;
            DelayMS(10);
            break;
        case 0xFD: DAC0832=n++;           //P1=0xFD,表示开关 S2 闭合输出锯齿波
            DelayMS(1);
            break;
        case 0xFB: for(n=0;n<255;n++)    //P1=0xFB,表示开关 S3 闭合输出三角波
            {
                DAC0832=n;
                DelayMS(1);
            }
            for(n=255; n>0; n--)
            {
                DAC0832=n;
                DelayMS(1);
            }
        }
    }
}
```

4. 将控制程序烧写到单片机

本任务依旧采用的是 Easy 51Pro 软件进行烧录操作,请参考 1.1.2、1.1.3 进行。

5. 操作并观察、记录示波器状态

(1) 程序下载成功。主机模块与示波器都正常通电,在初始状态下,示波器不显示任何波形。

(2) 闭合开关 S1。调节示波器水平方向的时间档位 (ms 级) 和垂直方向的电压挡 (V 级),可观察到示波器显示方波波形,如图 2-2 (a) 所示。

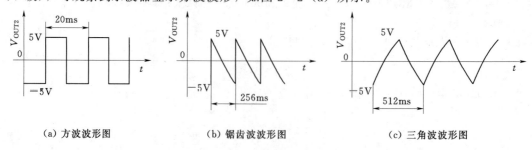

(a) 方波波形图   (b) 锯齿波波形图   (c) 三角波波形图

图 2-2 D/A 转换波形图

（3）断开 S1，闭合 S2。可观察到示波器显示锯齿波波形，如图 2-2（b）所示。

（4）断开 S2，闭合 S3。可观察到示波器显示三角波波形，如图 2-2（c）所示。

2.1.2　D/A 转换接口技术

测控系统是单片机应用的重要领域。在测控系统中，除数字信号之外还会遇到另一种物理量，它是模拟信号，它是随时间连续变化的物理量。由于计算机只能处理数字量，因此单片机系统中如果有模拟信号，一般都要进行模拟量向数字量、数字量向模拟量的转换，也就要涉及单片机的数/模（D/A）和模/数（A/D）转换的接口技术。数/模转换主要用于将单片机的数字量输出转化为实际的模拟量控制外接设备。波形发生器所产生的波形实际上就是由随时间变化的电压所形成的，本任务主要介绍常用 D/A（数/模转换）芯片 DAC0832 的应用技术。

2.1.2.1　简易波形发生器电路原理图

如图 2-3 所示为简易波形发生器的电路原理图。图中省略了单片机最小系统电路。本电路分为两部分：一部分是 DAC0832 芯片输入输出控制电路，另一部分是按键控制电路。

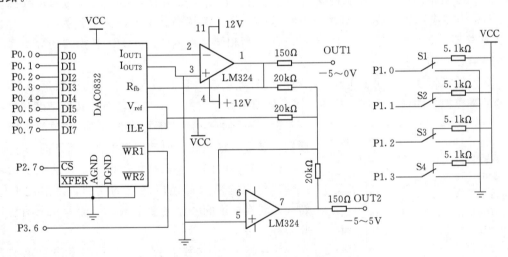

图 2-3　D/A 转换实验模块电路原理图

2.1.2.2　D/A 转换基本原理

D/A 转换器的解码网络主要有两种：权电阻解码网络和 T 型电阻网络。本节介绍权电阻解码网络的转换原理。

根据一个二进制数的每一位的权，产生一个与二进制数的权成正比的电流，只要将代表每一个二进制位权的电流叠加起来就是该二进制数所对应的模拟电流信号。如图 2-4 所示，开关闭合对应二进制数"1"，开关断开对应二进制数"0"。最后通过一个集成运放将电流信号转换为电压信号。

以图 2-4 所示的 4 位 DAC 为例，当二进制代码 D_i 为 1 时，开关 S_i 接到 V_R，则该支路电流 $I_i = V_R/2^{3-i}$；当 D_i 为 0 时，开关 S_i 断开，则该支路电流 $I_i = 0$。因为

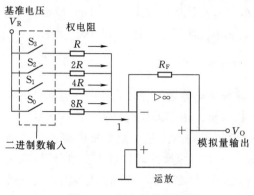

图 2-4　权电阻解码网络

$$I = I_0D_0 + I_1D_1 + I_2D_2 + I_3D_3$$

$$= \frac{V_R}{8R}D_0 + \frac{V_R}{4R}D_1 + \frac{V_R}{2R}D_2 + \frac{V_R}{R}D_3$$

$$= \frac{V_R}{2^3R}(D_3\times2^3 + D_2\times2^2 + D_1\times2^1 + D_0\times2^0)$$

所以　$V_0 = -R_FI = -\frac{V_RR_F}{2^3R}(D_3\times2^3$

$$+ D_2\times2^2 + D_1\times2^1 + D_0\times2^0)$$

同理，n 位权电阻解码网络 DAC 的输出模拟电压与输入数字量的转换关系为

$$V_0 = -\frac{V_RR_F}{2^{n-1}R}\sum_{i=0}^{n-1}D_i\times2^i$$

即完成了数字量到模拟量之间的转换。

2.1.2.3　D/A 转换器的主要技术指标

衡量 D/A 转换器性能的技术指标有很多，使用时主要应考虑以下几个：

（1）分辨率。指单位数字量变化引起的模拟量输出的变化，通常定义为满量程值的 $1/2^n$（n 为转换器的位数）。显然，位数越多，分辨率越高。例如，满量程为 5V 的 8 位 D/A 转换器，其分辨率为 $5V/2^8 = 19.5mV$，而相同量程的 10 位 D/A 转换器的分辨率为 $5V/2^{10} = 4.9mV$。

（2）转换精度。表明了实际模拟输出值与理想值之间的最大偏差，用于衡量 D/A 转换器所得模拟量的精确程度。位数越多，转换精度也越高。但应当注意，转换精度和分辨率是两个不同的概念，相同量程、相同位数的不同转换器，其分辨率相同，但精度可能会有所不同。

（3）转换时间。也称稳定时间，是指从数字量输入到建立稳定模拟量输出所需的时间，是描述 D/A 转换器转换速度的一个重要参数。一般为几十纳秒到几微秒。

在选择 D/A 转换芯片时，可根据系统要求结合上述指标选择合适的 D/A 芯片。

2.1.2.4　D/A 转换芯片 DAC0832

DAC0832 是一个 8 位 D/A 转换器。其为单电源供电，+5～+15V 均可正常工作。基准电压的范围为 -10～+10V；电流稳定时间为 $1\mu s$；采用 CMOS 工艺，功耗为 20mW。

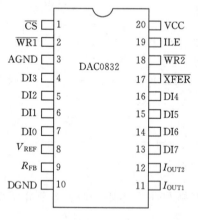

图 2-5　DAC0832 引脚图

1. DAC0832 的引脚功能

DAC0832 转换器芯片为 20 引脚，双列直插式封装，其引脚排列如图 2-5 所示。DAC0832 内部结构框图如图 2-6 所示。在 DAC0832 内部有两个数据缓冲器：8 位输入寄存器和 8 位 DAC 寄存器。其控制端分别受 ILE、$\overline{CS}$、$\overline{WR1}$ 和 $\overline{WR2}$、$\overline{XFER}$ 的控制。

（1）ILE。输入寄存器的锁存允许信号，高电平有效。

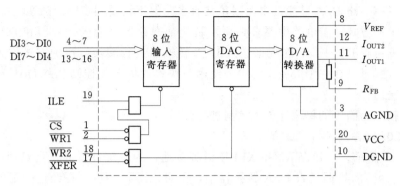

图 2-6　DAC0832 内部结构图

（2）$\overline{CS}$。片选信号，低电平有效。

（3）$\overline{WR1}$。输入寄存器的写选通信号，低电平有效。当 ILE＝0，$\overline{CS}$＝0，$\overline{WR1}$＝0 时，经逻辑电路，将送给 8 位输入寄存器一个有效的锁存使能信号，把从 DI0～DI7 送来的数据传送到输入寄存器中。

（4）$\overline{XFER}$。数据传送控制信号，低电平有效。

（5）$\overline{WR2}$。DAC 寄存器写选通信号，低电平有效。当 $\overline{XFER}$＝0，$\overline{WR2}$＝0 时，将会把需转换数据传送到 DAC 寄存器；然后当 $\overline{WR2}$ 恢复为高电平时，则开始启动 D/A 转换。

（6）DI7～DI0。8 位的数据输入端，DI7 为最高位。

（7）I_{OUT1}。模拟电流输出端 1，当 DAC 寄存器中数据全为 1 时，输出电流最大，当 DAC 寄存器中数据全为 0 时，输出电流为 0。

（8）I_{OUT2}。模拟电流输出端 2，I_{OUT2} 与 I_{OUT1} 的和为一个常数，即 $I_{OUT1}＋I_{OUT2}＝$常数。

（9）R_{FB}。反馈电阻引出端，DAC0832 是电流输出，为了取得电压输出，需在电压输出端接运算放大器。DAC0832 内部已经有反馈电阻，所以 R_{FB} 端可以直接接到外部运算放大器的输出端，这样相当于将一个反馈电阻接在运算放大器的输出端和输入端之间。

（10）V_{REF}。参考电压输入端，此端可接一个正电压，也可接一个负电压，它决定 0～255 的数字量转化出来的模拟量电压值的幅度，V_{REF} 范围为 $-10\sim+10V$。V_{REF} 端与 D/A 内部 T 形电阻网络相连。如果接+5V，那么输出电压值的范围为 $-5\sim0V$。

（11）VCC。芯片供电电压，范围为 $+5\sim15V$。

（12）AGND。模拟量地，即模拟电路接地端。

（13）DGND。数字地。

2. DAC0832 的工作方式

DAC0832 有三种不同的工作方式：直通方式、单缓冲方式、双缓冲方式。直通方式不符合单片机控制过程，所以很少使用。常用的单缓冲方式和双缓冲方式只需对控制引脚（ILE、$\overline{CS}$、$\overline{WR1}$、$\overline{WR2}$、$\overline{XFER}$）进行不同的连接设置即可。

（1）单缓冲方式。如图 2-6 所示，数据从 DI0～DI7 进入 DAC0832，需经过 2 个寄存器缓冲，方可送入 D/A 转换器进行 D/A 转换，根据逻辑门电路的控制原理，将 $\overline{WR2}$ 和 $\overline{XFER}$ 引脚接地，那么 DAC 寄存器处于直通方式，此时仅通过控制 ILE、$\overline{CS}$ 和 $\overline{WR1}$ 引脚来决定是否将 DI0～DI7 的数据送入 D/A 转换器，这种方式称为单缓冲方式。单缓冲方式多用在只有一路 D/A 转换的电路或虽然有多路但不需要同步输出的系统中。

（2）双缓冲方式。若电路中要求必须控制两个寄存器（输入寄存器和 DAC 寄存器）锁存允许，方可将 DI0～DI7 的数据送入 D/A 转换器进行转换，这种方式称为双缓冲方式。双缓冲方式可以在一个应用系统中，使用一块单片机芯片控制几路 DAC0832 实现模拟量的同步输出。

本节仅就较为简单的单缓冲方式控制进行分析。

3. DAC0832 单缓冲方式工作过程

如图 2-6 所示，已知 WR2 和 XFER 引脚接地，为单缓冲方式。要实现 D/A 转换，只需将 DI0～DI7 的数据送入 D/A 转换器中，就可以进行转换，在经过一定的转换时间后，从 DAC0832 的模拟量输出引脚 I_{OUT1} 和 I_{OUT2} 输出模拟电流。其过程为：

（1）将需转换的数据送 DI0～DI7 等待输入。

（2）给控制引脚 ILE 送高电平，同时 $\overline{CS}$ 和 $\overline{WR1}$ 引脚送低电平，则经逻辑电路作用，给输入寄存器送入锁存允许信号，那么在 DI0～DI7 引脚上的数据信号就可以送入 D/A 转换器进行 D/A 转换。

根据上述工作过程，在使用 C51 程序设计进行 D/A 转换时，可采用如下指令实现 D/A 转换控制：

```
P0 = x;        //假设 DI0～DI7 接在单片机 P0 口,故只需将数据 x 送到 P0 口即可
ILE = 1;       //变量 ILE、CS、WR 分别为定义为单片机的 I/O 引脚,用以控制
CS = 0;        // DAC0832 的 ILE 引脚为高电平,CS 和 WR1 为低电平
WR = 0;
```

上述指令仅作为控制 DAC0832 的参考思路，在应用系统中，由于单片机执行指令的过程有严格稳定的时序，借助于单片机的三总线结构，在控制外部芯片时可以采用"接口地址"进行控制，将在下一个知识点进行说明。

2.1.2.5　LM324 低功率四运算放大器

从 DAC0832 的 I_{OUT1} 和 I_{OUT2} 引脚输出的为模拟电流信号，需经过运算放大器转换输出电压。在本任务中采用了 LM324 芯片进行模拟电压转换输出。

LM324 内部有 4 个运放电路，本任务中仅使用了其中 2 个。在电路中，DAC0832 的参考电压输入端 V_{REF} 接 +5V，当输入 DAC0832 进行 D/A 转换的数字量为 0～255 时，运放的其中一个输出口 OUT1 输出电压范围为 -5～0V，另一个输出口 OUT2 的输出电压范围为 -5～+5V。

2.1.3　单片机系统扩展技术（三总线与接口地址）

在 AT89S52 单片机内部已经集成了 CPU、I/O 口、定时器、中断系统、存储器等计算机的基本部件（即系统资源），使用非常方便，应用于小型控制系统已经足够。但是当所要设计的单片机应用系统较为复杂时，需要在单片机的外部扩展其他芯片或电路，使相关功能得以扩充，这称之为系统扩展。类似于任务 1.3 中的键盘技术或本任务中使用到的芯片 DAC0832，都属于系统扩展。单片机的系统扩展有并行扩展和串行扩展两种方法。

这里主要针对系统并行扩展中的关键技术"三总线结构"和外部芯片的"接口地址"

进行说明。

2.1.3.1　单片机的片外三总线

由于单片机的引脚数量有限，外部没有独立的总线，只能利用 I/O 端口实现总线构成，在任务 1.1 和任务 1.2 中，对单片机的引脚和 I/O 口的第二功能做了简单的介绍，在此详细说明单片机片外三总线的构成。

单片机的三总线指的是数据总线（Data Bus）、地址总线（Address Bus）和控制总线（Control Bus）。图 2 - 7 为单片机外部并行扩展总线结构图。

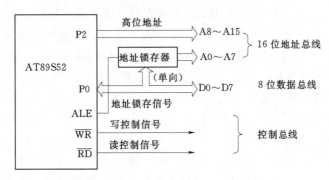

图 2 - 7　AT89S52 单片机外部并行总线结构

1. 数据总线（DB）

数据总线（DB）用来传送指令和数据信息。由单片机的 P0 端口兼做数据总线 D0~D7，数据总线是双向的，可以从单片机传送数据给外部芯片，也可由单片机接收外部芯片的数据。"单片机的数据线"指的就是 P0 口引出的接线。

2. 地址总线（AB）

地址总线（AB）用来制定数据存储单元的地址分配信号线，传送由单片机发出的地址信号，以便进行存储单元和外部芯片的选择。AT89S52 单片机有 16 条地址线，地址信息由 P0 和 P2 口提供，其中 P2 口提供高 8 位地址 A15~A8，P0 提供低 8 位地址 A7~A0。地址总线是单向的，只能由单片机从 P2 和 P0 口输出。

3. 控制总线（CB）

控制总线（CB）是一组控制信号线，各有其特殊的功能，用于协调单片机与外围芯片之间的关系。在单片机应用电路中，经常使用的控制信号线有 ALE、$\overline{\text{WR}}$、$\overline{\text{RD}}$。

（1）ALE，地址锁存允许信号线，由单片机输出地址锁存信号。单片机的数据总线和地址总线中，都使用到了 P0 口。作为总线来说，在某一时刻只能传递高电平"1"或者低电平"0"，所以不可能从 P0 口同时输出地址信息和数据信息。单片机的严格时序控制规定了先输出地址信息，再输出数据信息，所以 P0 口既可作为地址线又可作为数据线，这一功能称为"分时复用"。为了避免在 P0 口上先输出的地址信息被后出现的数据信息覆盖，在单片机系统扩展电路中，使用了诸如 74LS373、8282、74LS273 等地址锁存器来保存从 P0 口输出的地址信息。而 ALE 引脚的作用就是控制地址锁存器的有效时间发生在单片机输出地址信息时，保证了 P0 口"分时复用"功能的实现。如图 2 - 8 为地址锁存器芯片 74LS373 的引脚图。74LS373 是带三态输出的 8 位锁存器。当芯片引脚 $\overline{\text{OE}}$ 为

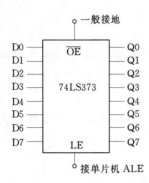

图 2-8 74LS373 引脚图

低电平，LE 为高电平时，输出跟随输入变化，即输出 Q7～Q0 等于输入 D7～D0。当 LE 引脚由高变低时，输出端 8 位信息 Q7～Q0 保持原值，不再跟随 D7～D0 而变化，称为锁存，直到 LE 端再次变为高电平有效信号为止。电路中，将 P0 引脚接到 74LS373 的 D0～D7，单片机的 ALE 引脚接到 74LS373 的 LE 端，那么从 74LS373 的 Q0～Q7 就能够输出有效的低 8 位地址信号，用于外部芯片的地址信号线。

（2）$\overline{WR}$，写控制信号线，从单片机的 P3.6 引脚输出，作为 I/O 引脚 P3.6 的第二功能，低电平有效。它的作用是当单片机将数据从 P0 口输出到外部芯片时，同时从 $\overline{WR}$ 引脚输出低电平"0"，表示单片机执行的是"写"操作。一般将该引脚接到外部芯片的 $\overline{WE}$ 引脚（Write Enable 引脚），外部芯片接收到该低电平信号时，允许单片机将数据从 P0 口写入。

（3）$\overline{RD}$，读控制信号线，从单片机的 P3.7 引脚输出，作为 P3.7 引脚的第二功能，低电平有效。它的作用与 $\overline{WR}$ 类似，但数据传递方向相反。当单片机需要读入数据时，将从 $\overline{RD}$ 引脚输出低电平"0"信号，表示单片机执行的是"读"操作。一般将该引脚接到外部芯片的 $\overline{OE}$ 引脚（Out Enable 引脚），外部芯片接收到该低电平信号时，允许单片机从芯片读取数据。

单片机在控制过程中，从 $\overline{WR}$ 和 $\overline{RD}$ 引脚输出的信号可同时为高电平"1"，表示单片机没有进行"读"或"写"操作；但不会同时输出低电平"0"，表示不能同时对外部芯片进行"读"和"写"操作。这一输出动作由单片机按照时序自动完成。

【技巧】可以参考这样一个例子来理解片外三总线。要求"送 50 元到 504 号宿舍"，在这个命令中，"50"是数据信息，"504"是地址信息，而"送"则是控制信息。要完成这个命令，在单片机控制程序中，可以只用 1 条指令来完成，如"XBYTE［504］＝50"。单片机的 CPU 在执行这条指令时，能够从地址引脚 P2 和 P0 送出地址"504"（即二进制数 00000001 11111000，使 P2 ＝ 0x01 ＝ 00000001B，P0 ＝ 0xF8 ＝ 11111000B）；从数据引脚 P0 送出数据"50"（即二进制数 00110010，使 P0 ＝ 0x32 ＝ 00110010B）；从控制引脚 P3.6 送出低电平"0"。

2.1.3.2 芯片的接口地址

单片机在进行系统扩展时，单片机引脚与外部芯片引脚基本上是按照片外三总线的类型来连接的，连接方法见表 2-2。

表 2-2　　　　　　　　　　　　单片机系统扩展基本连线表

单 片 机	外 部 芯 片	单 片 机	外 部 芯 片
数据线 P0.0～P0.7	数据引脚 D0～D7	地址锁存信号 ALE	地址锁存器 LE
地址线 P0.0～P0.7 P2.0～P2.n	地址引脚 Λ0～Λi	写控制信号 $\overline{WR}$	写允许引脚 $\overline{WE}$
		读控制信号 $\overline{RD}$	输出允许引脚 $\overline{OE}$
		P2.x	片选信号 $\overline{CS}$

注　表中的 $n \leqslant 7$，$i \leqslant 15$，两者是对应的。例如若单片机的地址引脚为 A0～A10（共 11 根），那么 n 值就为 2（P0.0～P0.7 和 P2.0～P2.2 共 11 根）。x 值不定，需根据实际电路来分析。

单片机与外部芯片的数据线与控制线的连接方式基本固定，而地址线的连接虽然有一定的规则，但是在不同的应用电路中也有所区别，因而产生不同的地址信号。这一地址信号，对于外部芯片来说，就是它的接口地址。下面通过几个例子来详细说明不同的接线方式下芯片接口地址的判断。

1. 扩展片外数据存储器 6264

任务 1.2 中介绍了存储容量和存储地址的基本概念，对于外部芯片来说，也有相应的存储容量和存储地址。如图 2-9 所示为单片机与片外数据存储器芯片 6264 的电路原理图。

图中 AT89S52 与 6264 的接线按照片外三总线形式进行连线，现就地址线的连接以及因此而产生的地址信息展开讨论。

（1）6264 芯片介绍。6264 芯片是容量为 8K×8 的数据存储芯片，因 8K＝8192＝2^{13}，所以该芯片有 13 根地址引脚 A0～A12。另外，有控制引脚 $\overline{\text{CS}}$（Chip Enable），称为片选引脚，低电平有效，即只有当该引脚获得低电平"0"信号时，6264 芯片在电路中才会被选中，才能进行数据交换。

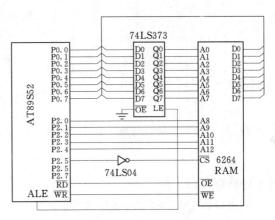

图 2-9　AT89S52 扩展 6264 RAM 芯片电路原理图

（2）单片机的地址线与 6264 地址线的连接。6264 芯片有 13 根地址线 A0～A12，所以单片机提供低 13 位地址线（P0.0～P0.7 和 P2.0～P2.4）与之相连；单片机的地址线 P2.5 经反相器取反，送 6264 芯片的片选引脚 $\overline{\text{CS}}$；单片机的 P2.6 和 P2.7 未与设备进行连接，悬空。

（3）接口地址计算。芯片的接口地址是通过单片机的地址线信息反映出来的，下面将地址信号列表，分析 6264 芯片的地址。

P2.7	P2.6	P2.5	P2.4	P2.3	P2.2	P2.1	P2.0	P0.7	P0.6	P0.5	P0.4	P0.3	P0.2	P0.1	P0.0
x	x	1	0	0	0	0	0	0	0	0	0	0	0	0	0
x	x	1						...							
x	x	1	1	1	1	1	1	1	1	1	1	1	1	1	1

表中列出了从单片机的地址引脚 P2 口和 P0 口上可输出的信号组合，其中 P2.4～P0.0 为 0 0000 0000 0000 ～ 1 1111 1111 1111 B，共 8192 种组合，每一组合对应 6264 存储器的一个单元；P2.5 确定为 1，因片选信号 $\overline{\text{CS}}$ 低电平有效，P2.5 经反相器反相控制 $\overline{\text{CS}}$，只有当 P2.5＝1 时 $\overline{\text{CS}}$＝0；P2.7 和 P2.6 为 xx，可以为 00、01、10、11 四种组合，因为它们未与外部芯片连接，对 6264 不产生作用。

综上所述，可计算出 6264 芯片的接口地址为

• 当 P2.7、P2.6 为 00 时 6264 芯片的地址范围是 0x2000～0x3FFF。

- 当 P2.7、P2.6 为 01 时 6264 芯片的地址范围是 0x6000～0x7FFF。
- 当 P2.7、P2.6 为 10 时 6264 芯片的地址范围是 0xA000～0xBFFF。
- 当 P2.7、P2.6 为 11 时 6264 芯片的地址范围是 0xE000～0xFFFF。

例如地址 0x3000，当执行指令 XBYTE[0x3000]=50 时，单片机从地址线输出的信号分别是：P2.7 和 P2.6 为 00，P2.5 为 1，P2.4～P0.0 为 1 0000 0000 0000 B。其中 P2.5 的高电平"1"经反相器控制 $\overline{CS}$ 引脚为 0，6264 芯片有效，P2.4～P2.0 的信号决定了要将数据"50"送入 6264 芯片的第 1 0000 0000 0000 B 个地址单元。

又如地址 0x4000，当执行指令 XBYTE[0x4000]=50 时，单片机的地址线 P2.5 输出低电平"0"，经反相器控制 $\overline{CS}$ 引脚为"1"，6264 芯片无效，则该指令对电路中的 6264 不产生任何作用。

2. 单片机扩展 DAC0832

图 2-10 为本任务中单片机与 DAC0832 芯片的电路原理图。

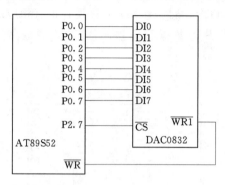

图 2-10　单片机扩展 DAC0832 电路原理图

列表分析 DAC0832 的接口地址：

P2.7	P2.6	P2.5	P2.4	P2.3	P2.2	P2.1	P2.0	P0.7	P0.6	P0.5	P0.4	P0.3	P0.2	P0.1	P0.0
0	x	x	x	x	x	x	x	x	x	x	x	x	x	x	x

如表中所示，单片机地址线 P2.7 确定为低电平"0"，而其他地址线 P2.6～P0.0 状态可任意为低电平"0"或高电平"1"。由电路原理图可知，单片机的 P2.7 与 DAC0832 的片选引脚 $\overline{CS}$ 相连，从 P2.7 输出的低电平控制了 $\overline{CS}$ 有效，那么 DAC0832 芯片有效。

当且仅当 P2.7=0 时，电路中 DAC0832 工作，由此可得 DAC0832 的接口地址为 0xxx xxxx xxxx xxxx B 中的任意一个，如地址 0000 0000 0000 0000（即 0x0000）或 0111 1111 1111 1111 B（即 0x7FFF）都可控制电路中的 DAC0832。习惯上，未使用到的地址线（本例中为 P2.6～P0.0）输出设为高电平"1"，所以 DAC0832 的接口地址设定为 0x7FFF。

2.1.4　DAC0832 C51 控制程序设计

本任务中控制源程序实现了对 DAC0832 的控制，使之输出不同的三种波形，下面对参考源程序进行分析。

1. C51 语言控制 DAC0832 的方法

在 C51 语言中，对存储器或外部芯片进行读/写操作时需先指定地址，通过指令"#

define DAC0832 XBYTE[0x7FFF]"，定义宏"DAC0832"为外部数据存储区 0x7FFF
地址，那么在程序中使用到符号"DAC0832"时，指的就是地址 0x7FFF。

　　宏定义指令中符号"XBYTE[　]"已在头文件"absacc.h"中定义，所以需先使用指
令"include〈absacc.h〉"装入。

　　执行指令"DAC0832=0xFF;"时，结合图 2-3 D/A 转换实验模块电路原理图和图
2-6 DAC0832 内部结构图进行分析：①从单片机的数据线输出数据"0xFF"，使
DAC0832 的数据引脚 IN0～IN7 得到数据"0xFF"；②从单片机的地址线 P2.7～P2.0 和
P0.7～P0.0 送出地址 0x7FFF（即 0111 1111 1111 1111 B），其中 P2.7 输出低电平"0"，
控制 DAC0832 的引脚 $\overline{CS}$ 有效；③从单片机的控制线 $\overline{WR}$ 输出低电平"0"，控制
DAC0832 的引脚 $\overline{WR1}$ 为"0"，配合 $\overline{CS}$ 信号，从而控制 DAC0832 内部的"输入寄存器"
接通，将数据"0xFF"送入 D/A 转换器进行 D/A 转换。

　　2. DAC0832 输出方波信号

　　图 2-2（a）所示的方波信号为持续一段时间的高低电平交替而生成，利用
DAC0832 输出方波信号的方法很简单，只需执行指令"DAC0832=0xFF;"就可经
过 D/A 转换，输出"0xFF"对应的电压值－5V（因参考电压 V_{REF} 为＋5V，输出极
性相反，故转换电压为－5V）；执行指令"DAC0832=0x00;"就可以经过 D/A 转换
输出"0x00"对应的电压值 5V（OUT1 输出的电压值为 0V）。若改变数据"0xFF"
或"0x00"，可输出不同的电压值。改变 DelayMS(500) 中的 500，可得到不同周期
的波形输出。

　　3. DAC0832 输出锯齿波信号

　　根据 DAC0832 进行 D/A 转换的基本原理，对数字量"0xFF"进行 D/A 转换时，得
到－5V 模拟电压输出，转换数字量"0x00"，得到＋5V 模拟电压输出。转换数字量在
0x00～0xFF 之间时，得到－5～5V 之间的模拟电压输出。而锯齿波就是随时间连续增大
（或减小）的模拟电压所产生的波形信号，如图 2-2（b）所示。要实现该波形输出，只
需将进行 D/A 转换的数字量依次增大（或减小）即可，使用指令"DAC0832=n++;"
就可以实现锯齿波形的输出。n 初值为 0，则 DAC0832 将数据"0"进行转换，输出＋5V
电压；n++ 则对 n 进行加 1 操作，使 n=1，DAC0832 对数据"1"进行转换，输出
4.961V（即 5V－0.039V）电压。依此类推，输出电压值从＋5V～－5V 依次递减，在示
波器上显示出锯齿波形。

　　4. DAC0832 输出正弦波信号

　　上述锯齿波信号的产生，原理是送 DAC0832 进行 D/A 转换的数据通过增 1 运算
"n++"依次递增 1 而得。要产生如图 2-11 所
示的正弦波信号，与产生锯齿波信号的原理相
同，不同之处在于送入 D/A 转换器的数据。正
弦波信号的电压值与锯齿波的不同，因而送
DAC0832 进行 D/A 转换的数据也不一样，不能
通过简单的增 1 或减 1 来完成转换数据的变化。
一般采用取采样点数据的方法：先将正弦波信号

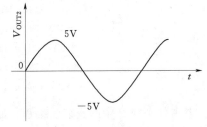

图 2-11　正弦波波形图

的一个周期分为 256 份，将每一份所对应的点的电压值计算出来，并且根据 D/A 转换的原理，反推算出模拟电压值所对应的数字量，256 个点共有 256 个数据，将这组数据存为一个表，在控制程序中，依次取出表中的数据，送 DAC0832 进行 D/A 转换，从而得到正弦波信号。

其中正弦波波形数据表如下：

```
//定义数据表 table,共 256 个采样点数据
unsigned char code table[]={0x80,0x83,0x86,0x89,0x8D,0x90,0x93,0x96,
                            0x99,0x9C,0x9F,0xA2,0xA5,0xA8,0xAB,0xAE,
                            0xB1,0xB4,0xB7,0xBA,0xBC,0xBF,0xC2,0xC5,
                            0xC7,0xCA,0xCC,0xCF,0xD1,0xD4,0xD6,0xD8,
                            0xDA,0xDD,0xDF,0xE1,0xE3,0xE5,0xE7,0xE9,
                            0xEA,0xEC,0xEE,0xEF,0xF1,0xF2,0xF4,0xF5,
                            0xF6,0xF7,0xF8,0xF9,0xFA,0xFB,0xFC,0xFD,
                            0xFD,0xFE,0xFF,0xFF,0xFF,0xFF,0xFF,0xFF,
                            0xFF,0xFF,0xFF,0xFF,0xFF,0xFF,0xFE,0xFD,
                            0xFD,0xFC,0xFB,0xFA,0xF9,0xF8,0xF7,0xF6,
                            0xF5,0xF4,0xF2,0xF1,0xEF,0xEE,0xEC,0xEA,
                            0xE9,0xE7,0xE5,0xE3,0xE1,0xDE,0xDD,0xDA,
                            0xD8,0xD6,0xD4,0xD1,0xCF,0xCC,0xCA,0xC7,
                            0xC5,0xC2,0xBF,0xBC,0xBA,0xB7,0xB4,0xB1,
                            0xAE,0xAB,0xA8,0xA5,0xA2,0x9F,0x9C,0x99,
                            0x96,0x93,0x90,0x8D,0x89,0x86,0x83,0x80,
                            0x80,0x7C,0x79,0x78,0x72,0x6F,0x6C,0x69,
                            0x66,0x63,0x60,0x5D,0x5A,0x57,0x55,0x51,
                            0x4E,0x4C,0x48,0x45,0x43,0x40,0x3D,0x3A,
                            0x38,0x35,0x33,0x30,0x2E,0x2B,0x29,0x27,
                            0x25,0x22,0x20,0x1E,0x1C,0x1A,0x18,0x16,
                            0x15,0x13,0x11,0x10,0xE,0xD,0xB,0xA,
                            0x9,0x8,0x7,0x6,0x5,0x4,0x3,0x2,
                            0x2,0x1,0x0,0x0,0x0,0x0,0x0,0x0,
                            0x0,0x0,0x0,0x0,0x0,0x0,0x1,0x2,
                            0x2,0x3,0x4,0x5,0x6,0x7,0x8,0x9,
                            0xA,0xB,0xD,0xE,0x10,0x11,0x13,0x15,
                            0x16,0x18,0x1A,0x1C,0x1E,0x20,0x22,0x25,
                            0x27,0x29,0x2B,0x2E,0x30,0x33,0x35,0x38,
                            0x3A,0x3D,0x40,0x43,0x45,0x48,0x4C,0x4E,
                            0x51,0x55,0x57,0x5A,0x5D,0x60,0x63,0x66,
                            0x69,0x6C,0x6F,0x72,0x76,0x79,0x7C,0x80};
```

参考任务 1.2 中的查表法编程控制，取得表中的采样点数据，依次送 DAC0832 进行 D/A 转换，输出正弦波信号。

任务 2.2　简易电压表制作

知识目标	A/D 转换接口技术、单片机外部中断的应用、利用 C51 语言控制单片机外部芯片的方法、C51 语言指令对单片机引脚的影响
技能目标	A/D 转换接口电路的设计
使用设备	单片机最小系统（主机模块）、A/D 转换实验板、数字万用表、导线、PC
实训要求	利用主机模块控制 A/D 转换实验板，从实验板的模拟通道输入端输入直流电压，由主机模块控制进行 A/D 转换，并把转换后的数字量显示在发光二极管上
实训拓展	1. 调节旋钮，用万用表测量并记录下 IN3 引脚电压为 1V、1.5V、2V、2.5V、3V、3.5V、4V、4.5V 时，8 个发光二极管的状态（分别用二进制、十六进制和十进制数表示） 2. 将接在 IN3 的导线拔出，插入 IN0 对应插口，修改程序，实现对 IN0 输入模拟电压的 A/D 转换，结果显示在发光二极管上 3. 学习关于外部中断的说明，编程实现 A/D 转换的中断控制程序
实训报告	报告的格式和主要内容见附录，同时注意对实训拓展作较详细的说明

2.2.1　简易电压表系统操作指导

在单片机应用系统中对于信号的处理除了要进行 D/A 转换外，由于系统的实际对象往往都是一些模拟量（如温度、压力、位移、图像等），要使单片机能识别、处理这些信号，必须首先将这些模拟信号转换成数字信号，这个过程叫做模/数转换（A/D 转换），实现 A/D 转换的器件叫做模数转换器（A/D 转换器）。本任务将设计一个简易的电压表，利用单片机控制 A/D 转换器将模拟电压转换为数字量，通过数字量的分析判断出电压值。

1. A/D 转换实验板

图 2-12 为完成本次任务所需的 A/D 转换实验板。实验板中心位置为一颗 A/D 转换芯片 ADC0809，顶部为一排发光二极管，用以显示转换结果。

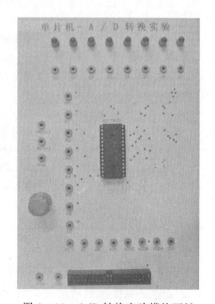

图 2-12　A/D 转换实验模块面板

通过与主机模块的接线，利用单片机控制程序，控制 A/D 转换芯片将模拟电压转换为数字量，并显示在发光二极管上。

2. 电路连线（表 2 - 3）

表 2 - 3　　　　　　　　　　　　**简易电压表接线**

主 机 模 块	A/D 转换实验板
40 芯数据线	40 芯数据线
+5V	+5V
GND	GND
	REF(+)—+5V
	REF(−)—GND
	V_{OUT}—IN3

注 1. 主机模块与 A/D 转换实验板的连线：仅连接 40 芯数据线和电源线（+5V 和 GND）。

2. A/D 转换实验板：用独立导线将 V_{OUT} 与 IN3 连接、REF(+) 与 +5V 连接、REF(−) 与 GND 连接。

3. 使用伟福 6000 软件编写、编译程序

任务 2.2 参考源程序如下：

```
#include〈REG52.H〉
#include〈absacc.h〉
#define  ADC0809  XBYTE[0xFEFF]    //定义宏 ADC0809 为地址 0xFEFF,P2.0=0
#define  LED  XBYTE[0xFDFF]        //定义宏 LED 为地址 0xFDFF,P2.1=0
unsigned  char  GetData;           //定义变量 GetData,存放转换结果
sbit  ADCEOC = P3^3;               //引脚 EOC 接在 P3.3,定义位变量 ADCEOC 为 P3.3

void main()                        //主函数
{
    P1=0x03;                       //选择 ADC0809 通道 3(00000011B)
    while(1)
    {
        ADC0809=0;                 //启动 A/D 转换
        while(ADCEOC==1);          //等待转换结束信号,P3.3 为 1 等待,为 0 则向下执行
        GetData=ADC0809;           //取 A/D 转换结果
        LED=GetData;               //将转换结果数据显示在 8 个发光二极管上
    }
}
```

4. 将控制程序烧写到单片机

本任务采用 Easy 51Pro 软件进行烧录操作。

5. 操作并观察、记录发光二极管状态

（1）调节 A/D 转换实验板上的旋钮，将其向左旋至尽头，可观察到实验板的 8 个发光二极管全灭，此时将数字万用表档位调至直流电压挡，可测得 IN3 插口的电压值为 0。

（2）调节旋钮，将其向右旋至尽头，可观察到实验板的 8 个发光二极管全亮，此时用万用表测得 IN3 插口的电压值为 5V。

（3）调节旋钮至任意位置，记录发光二极管亮灯效果，并用万用表测量 IN3 引脚电

压值，需对应记录下发光二极管亮灯效果和电压值。

2.2.2 A/D转换接口技术

在单片机应用系统中，常使用A/D转换器将诸如温度、速度、电压、电流等模拟量转换为单片机可处理的数字量，进行数据采集与处理。利用A/D方法进行数据采集系统设计时，需要考虑三个方面的内容：一是如何针对系统的需求选择合适的A/D器件；二是如何根据所选择的A/D器件设计外围电路与单片机的接口电路；三是编写控制A/D器件进行数据采集的单片机程序。

1. 简易电压表控制原理图

图2-13为本任务的控制电路原理图，包括两部分的电路：一部分是ADC0809芯片与单片机的接线电路，另一部分是单片机控制发光二极管的控制电路。

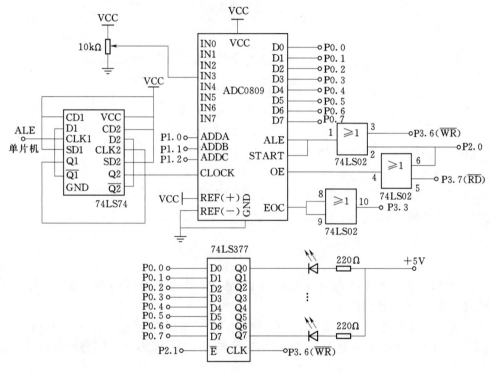

图2-13 A/D转换实验模块电路原理图

2. A/D转换原理

A/D转换器可分为直接并行比较式、逐次逼近式、双积分式、跟踪比较式等多种。其中，逐次逼近式A/D转换器易于用集成工艺实现，且能达到较高的分辨率和速度，应用最为广泛。

逐次逼近式A/D转换器由电压比较器、D/A转换器、控制逻辑电路、逐次逼近寄存器等组成，如图2-14所示。

例如，利用满量值为5V的8位逐次逼近型A/D转换器对V_x模拟量2.9V电压进行A/D转换，参考图2-15所示的转换时序图，分析具体的转换过程。

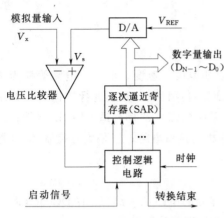

图 2-14　逐次逼近型 A/D 转换原理

（1）当出现启动脉冲信号时（下降沿信号），逐次逼近寄存器清零。

（2）当第 1 个时钟信号 T1 到来，逐次逼近寄存器最高位 D7 置"1"，8 位 D/A 转换器输入为 10000000B，输出电压 V_s 为满量值的一半即 2.5V。因 $V_s < V_x$，控制逻辑电路保持 D7＝1；反之，若 $V_s > V_x$，则控制寄存器将 D7 清零。

（3）当第 2 个时钟信号 T2 到来，逐次逼近寄存器 D6 置 1，配合在上一步中的 D7，则 8 位 D/A 转换器输入为 11000000B，输出电压 V_s 为 3.75V（2.5V＋1.25V）。因 $V_s > V_x$，控制逻辑电路将 D6 清零。

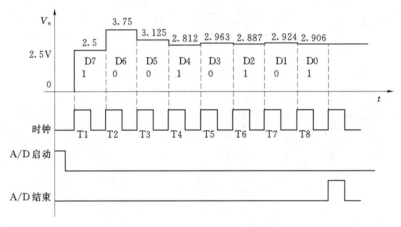

图 2-15　A/D 转换时序图

（4）当第 3 个时钟信号 T3 到来时，将 D5 置"1"，其余步骤同上；重复上述过程直到设置 D0 为"1"并进行比较。

（5）经过从 D7 到 D0 各位置"1"并进行 V_s 和 V_x 的电压比较后，逐次逼近寄存器中得到的数字量 10010101B 就是 2.9V 模拟电压的转换结果。此时从控制逻辑电路发出"转换结束"信号。

理解：逐次逼近式 A/D 转换器的转换过程与我们用天平称量物品的过程非常相似。用天平称量物品时，我们将待称物品放在天平的左盘中，在天平的右盘里放砝码，首先我们会大致估计物品的重量，然后选择一个最接近其重量但比它小的砝码，之后依次选择小一些的砝码试称，如果砝码的总重量大于物品，则将最小的砝码再换小一些的砝码，如果砝码的总重量小于物品，则保留该砝码，并加上一个小一些的砝码继续试称，如果通过调整砝码已不能达到平衡，则调整游标来使天平平衡。

逐次逼近型 A/D 转换这种比较方法对于一个 N 位 A/D 转换器来说，只需要比较 N 次，就可以转换成对应的数字量，因而转换速度比较快，转换时间在几微秒到几百微秒之间。目前多数 A/D 转换器采用了这种转换方法，如 8 位 A/D 转换器 ADC0809，12 位 A/

D 转换器 AD574 等。本任务主要介绍 8 位 CMOS 型 ADC0809 芯片。

3. A/D 转换器的技术指标

（1）分辨率。指 A/D 转换器能分辨的最小模拟输入量，通常用转换数字量的位数表示，如 8 位、10 位、12 位和 16 位等，位数越多，分辨率越高。例如对于 8 位 A/D 转换器，当输入电压满刻度为 5V 时，输出数字量的变化范围为 0～255，转换电路对输入模拟电压的分辨能力为 5V/255＝19.5mV。

（2）转换时间。A/D 转换器完成一次转换所需的时间。转换时间是软件编程时必须考虑的参数。一般逐次逼近式 A/D 转换器转换时间的典型值为 $1.0～200\mu s$。

（3）量程。指 A/D 转换器所能转换的输入电压范围，如 0～10V、0～5V 等。

（4）精度。指数字输出量对应的模拟输入量的实际值与理论值之间的差值。

4. 8 位 A/D 转换器 ADC0809

ADC0809 是一种典型的 8 位 8 通道逐次逼近式 A/D 转换器，采用 CMOS 工艺，片内有 8 路模拟开关，可对 8 路模拟电压量实现分时转换。其内部逻辑结构如图 2-16 所示。

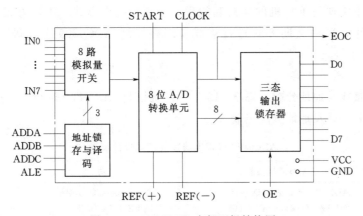

图 2-16　ADC0809 内部逻辑结构图

如图 2-16 所示，其内部的地址锁存与译码电路完成对 ADDA、ADDB 和 ADDC 这 3 个地址位的锁存和译码，控制 8 路模拟量开关选通 8 个模拟通道，允许 8 路模拟量中的某一路或者 8 路分时输入，共用一个 A/D 转换单元进行转换，三态输出锁存器用于存放和输出转换得到的数字量。

ADC0809 芯片为 28 引脚双列直插式封装的芯片，其引脚排列如图 2-17 所示。各引脚的功能如下：

（1）IN0～IN7。8 个模拟量输入端。

（2）ADDA、ADDB 和 ADDC。模拟通道号地址选择输入端。ADDC 为最高位。例如，当 ADDC、ADDB、ADDA 地址信号为 101B 时，芯片将转换通道 5 的模拟量。

（3）ALE。地址锁存允许信号。在 ALE 信号的上升沿将通道地址锁存至地址锁存器。

（4）START。启动 A/D 转换控制信号。在 START

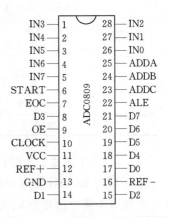

图 2-17　ADC0809 芯片引脚图

信号的上升沿，所有内部寄存器清 0；在 START 信号下降沿，开始进行 A/D 转换；在转换期间，START 应保持低电平。

（5）CLOCK。实时时钟信号。ADC0809 内部没有时钟电路，需外接时钟，通常使用频率为 500kHz 的时钟信号。

（6）REF＋、REF－。参考电压。用来与输入的模拟信号进行比较，作为逐次逼近的基准。其典型值为 REF＋＝＋5V，REF－＝0V。

（7）EOC。转换结束信号。当转换结束，EOC＝1。EOC 信号可作为查询的状态标志，也可作为中断请求信号使用。

（8）D0～D7。数字量输出端。三态缓冲输出形式，可与单片机的数据线直接相连。

（9）OE。输出允许信号。当 OE＝1 时，允许从 A/D 转换器的锁存器中读取数字量 D0～D7。此信号可作为 ADC0809 的片选信号。

（10）VCC、GND。电源端子，分别接＋5V 和接地。

ADC0809 芯片是通过 EOC 信号来表示转换结束，根据判断 EOC 信号的方法，可以使用三种方式来实现与单片机的连接和编程，分别是查询方式、中断方式和延时等待方式。在本任务中，采用查询方式进行连线和编程控制 ADC0809 芯片进行 A/D 转换和显示。

5. ADC0809 接口电路

（1）电路接线及地址分配。图 2 - 13 为单片机控制 ADC0809 进行 A/D 转换和显示的电路原理图，其接线及地址分配见表 2 - 4。

表 2 - 4　　　　　　　　　ADC0809 接口电路接线及地址分配表

主机模块	A/D 转换实验板	功　能	地址分配
P0.0～P0.7	ADC0809 的数据线 D0～D7 74LS377 的输入端 D0～D7	接收 ADC0809 转换结果 控制 LED 显示结果	与地址无关
P3.3	74LS02 引脚 10	接收 ADC0809 转换结束信号	与地址无关
P1.0～P1.2	ADC0809 的 ADDA～ADDC	控制 ADC0809 的转换通道	与地址无关
ALE	74LS74 引脚 2	通过 74LS74 产生 ADC0809 的时钟	与地址无关
—	74LS74 引脚 9 接 ADC0809 的 CLK	给 ADC0809 送时钟信号	与地址无关
P3.6（$\overline{\text{WR}}$）	74LS02 引脚 3 74LS377 的 CLK	配合 P2.0 给 ADC0809 送启动信号 配合 P2.1 控制 74LS377 输出数据	写控制
P3.7（$\overline{\text{RD}}$）	74LS02 的引脚 5	配合 P2.0 给 ADC0809 送输出允许信号	读控制
P2.0	74LS02 的引脚 2 和 6	ADC0809 读写控制信号	0xFEFF
P2.1	74LS377 的 $\overline{\text{E}}$	74LS377 选通信号，控制发光二极管	0xFDFF

（2）74LS74 芯片。为带预置和清除端的双 D 触发器。利用该芯片对 ALE 信号进行四分频，得到 500kHz 的时钟信号，控制 ADC0809 芯片的 CLOCK 信号。其中，单片机在一个机器周期中稳定地输出两个 ALE 信号，AT89S52 单片机的时钟频率为 12MHz，机器周期频率为 1MHz，则 ALE 频率为 2MHz，四分频后为 500kHz。

（3）74LS02 芯片。为四组两输入端或非门芯片。在本任务电路中使用了其中的三组，在图 2-13 中标示出了 74LS02 芯片的输入和输出引脚序号，下面配合本任务源程序指令对引脚功能和引脚接线进行说明。

1）1、2、3 号引脚。输入为 2、3 号引脚，分别接单片机 P3.6（$\overline{WR}$）和 P2.0，输出为 1 号引脚，接 ADC0809 的 START 和 ALE。当 P3.6 和 P2.0 同时为低电平"0"时，经过或非门逻辑运算，得高电平"1"送 ALE 引脚，将通道号送 ADC0809 内部地址锁存器，确定要转换的模拟电压通道；高电平"1"送 START 引脚，启动 A/D 转换，所以决定了 ADC0809 的启动转换地址为 0xFEFF（P2.0=0）。在本任务程序中，利用指令"XBYTE[0xFEFF]=0;"启动 A/D 转换。从指令格式来看，它的功能是给外部芯片 0xFEFF 地址送数据 0，参考任务 2.1 中对片外三总线的说明，可知单片机在执行该指令时，从地址线 P2 和 P0 口输出地址信号 0xFEFF（1111 1110 1111 1111 B），可得 P2.0=0；从"写"控制引脚 $\overline{WR}$ 输出低电平"0"（后恢复回"1"），即 P3.6=0；从数据引脚 P0 输出数据 0（对于 ADC0809 来说，数据线的作用是将 A/D 转换结果送给单片机，所以这一指令中的数据 0 对于 ADC0809 没有任何意义，将数据 0 改为其他数，效果相同）。使用这条指令的目的是从 P2.0 输出低电平"0"，从 $\overline{WR}$ 输出低电平 0。

2）4、5、6 号引脚。输入为 5、6 号引脚，分别接单片机 P3.7（$\overline{RD}$）和 P2.0，输出为 4 号引脚，接 ADC0809 的 OE 引脚。当 P3.7 和 P2.0 同时为低电平"0"时，经逻辑运算得高电平"1"送 OE 引脚，使 ADC0809 允许输出转换结果，所以决定了 ADC0809 的读结果地址为 0xFEFF（P2.0=0）。与启动转换地址相同，但读、写信号不同。地址 0xEFF 称为 ADC0809 的接口地址。在本任务程序中利用指令"GetData=XBYTE[0xFEFF];"取得 A/D 转换结果。当执行该指令时，片外三总线的信号分别是：地址线 P2 和 P0 输出地址信号 0xFEFF，使 P2.0=0；"读"控制引脚 $\overline{RD}$ 输出低电平"0"（后恢复回"1"）；数据线 P0 口的信号为接在 ADC0809 芯片 D0~D7 上的信号。通过指令的作用，将 D0~D7 的信号送入变量 GetData。

3）8、9、10 号引脚。输入为 8、9 号引脚，共接 ADC0809 的 EOC 引脚，输出为 10 号引脚，接单片机 P3.3。当 ADC0809 开始转换时，从 EOC 引脚输出低电平"0"，经逻辑运算输出高电平"1"，送入单片机的 P3.3；A/D 转换结束，自动从 EOC 引脚送出高电平"1"，经逻辑运算输出低电平"0"，送入 P3.3。在控制程序中，可以通过判断 P3.3 为"1"或"0"得到 A/D 转换器的转换结束状态，此方法称为"查询法"；也可由通过单片机的中断系统，当 P3.3（$\overline{INT1}$ 即外部中断 1 输入引脚）从高电平"1"变为低电平"0"时，给 CPU 发送中断请求，利用中断程序控制读取转换结果和显示。在本任务程序中，利用指令"while(ADCEOC==1);"用以查询 A/D 转换是否结束，其中变量 AD-CEOC 定义为 P3.3。当 A/D 转换未完成时，ADC0809 的 EOC 引脚输出低电平，而 P3.3 得到的信号为高电平"1"，条件（ADCEOC==1）成立，所以单片机循环执行该指令；只有当转换结束信号为高电平"1"，P3.3 接收到低电平"0"，条件不满足，则继续执行后续的程序。

（4）74LS377 芯片。74LS377 芯片的内部为八个上升沿 D 触发器，当允许控制端 $\overline{E}$ 为低电平"0"时，时钟端 CLK 在脉冲上升沿作用下，输出端 Q 与数据端 D 一致；当

CLK 为高电平或低电平时，D 对 Q 没有影响。其控制引脚接线为：CLK 接到单片机 $\overline{\text{WR}}$ 引脚，$\overline{\text{E}}$ 接到单片机地址线 P2.1，所以得到 74LS377 芯片的地址为 0xFDFF（1111 1101 1111 1111 B），即 P2.0 为 "0" 时 74LS377 有效，由数据端 D 控制接在输出端 Q 上的发光二极管。

在程序中利用指令 "XBYTE[0xFDFF]＝GetData;" 控制发光二极管显示 A/D 转换结果。当执行该指令时，片外三总线的信号分别是：P2.1＝0，$\overline{\text{WR}}$ 先为 "0" 再恢复为 "1"，从 CLK 送入一个上升沿信号，则数据线 P0 的状态为变量 GetData 的值，该值通过 74LS377 在作用，输出控制发光二极管。

2.2.3　单片机外部中断的应用

在任务 1.2 中学习了单片机中断的概念并应用了定时/计数器中断进行单片机应用系统的控制，下面学习使用单片机外部中断和 C51 语言程序控制 ADC0809 进行 A/D 转换。

2.2.3.1　单片机的外部中断

1. 外部中断源

单片机的外部中断源 $\overline{\text{INT0}}$ 和 $\overline{\text{INT1}}$，即外部中断 0 和外部中断 1，分别由单片机的 P3.2 和 P3.3 引入外部电路的中断请求信号。一般设置为当 P3.2(P3.3) 引脚输入的信号为下降沿信号时，向 CPU 发出中断请求。

2. 有关外部中断的寄存器

（1）定时器控制寄存器 TCON 的格式如下：

D7	D6	D5	D4	D3	D2	D1	D0
TF1	TR1	TF0	TR0	IE1	IT1	IE0	IT0

TCON 的高 4 位用以控制定时计数器，低四位控制外部中断，其中：

• IE0 和 IE1 分别是 $\overline{\text{INT0}}$ 和 $\overline{\text{INT1}}$ 的中断请求标志，表示当单片机的引脚 P3.2（或 P3.3）接收到中断请求信号时，自动将标志 IE_i 置 1，向 CPU 发出中断请求。

• IT0 和 IT1 分别是 $\overline{\text{INT0}}$ 和 $\overline{\text{INT1}}$ 的触发方式控制位。当 IT_i 设置为 "0" 时，为低电平触发方式，即此时若 P3.2（或 P3.3）引脚接收到低电平 "0" 信号时，自动将 IE_i 置 "1"；当 IT_i 设置为 "1" 时，为下降沿触发方式，即只有当 P3.2（或 P3.3）引脚接收到的信号从高电平 "1" 变化为低电平 "0" 时，才会自动将 IE_i 置 "1"。

（2）中断允许寄存器 IE：控制 CPU 对中断是开放还是屏蔽，以及控制每个中断源是否允许中断。IE 格式如下：

D7	D6	D5	D4	D3	D2	D1	D0
EA	—	—	ES	ET1	EX1	ET0	EX0

• EA 为 CPU 中断总允许位。EA＝0，CPU 屏蔽所有的中断要求，即使有中断请求，CPU 也不会响应；EA＝1，CPU 开放中断。

• EX1 和 EX0 分别是外部中断 1 和外部中断 0 的中断允许位。当该位为 1 时，允许相应的中断，为 0 时则禁止相应中断。

3. C51 语言中外部中断的使用

当发生中断时，CPU 则从主程序转去执行中断程序，在用 C51 语言编写中断程序时，需编写中断函数，其格式为

$$\text{void 函数名()\ interrupt}$$

其中，对于 $\overline{\text{INT0}}$ 和 $\overline{\text{INT1}}$，中断号 n 分别是 0 和 2。

2.2.3.2　ADC0809 的中断程序控制

可参考如下源程序：

```
#include <REG52.H>
#include <absacc.h>
#define ADC0809 XBYTE[0xFEFF]      //定义宏 ADC0809 为地址 0xFEFF,P2.0=0
#define LED XBYTE[0xFDFF]          //定义宏 LED 为地址 0xFDFF,P2.1=0
unsigned char GetData;             //定义变量 GetData,存放转换结果
void Read_Dis() interrupt 2        //外部中断 1 函数 Read_Dis,实现读取转换结果
{                                  //和显示结果
    GetData = ADC0809;             //读取 A/D 转换数据
    LED = GetData;                 //送发光二极管显示
    ADC0809 = 0;                   //再次启动 A/D 转换
}
void main()                        //主函数
{
    P1=0x03;                       //选择 ADC0809 通道 3(00000011B)
    IT1=1; EA=1; EX1=1;            //设置 INT1 中断触发方式,开放 CPU 中断,允许 INT1 中断
    ADC0809 = 0;                   //启动 AD 转换
    while(1);                      //循环等待
}
```

本任务中，将 A/D 转换的数字量结果以发光二极管的亮灭状态表示出来，显示效果不直观。在下一项目中，将利用单片机控制数码管设计数字式电压表，可使显示效果直观明了。

项目3 单片机显示控制

【教学目标要求】

知识目标：掌握数码管显示技术、点阵显示控制技术、液晶显示控制技术，理解 C51 语言中数据的处理方法。

技能目标：能够完成数码显示系统、点阵显示系统、液晶显示控制系统的设计、制作及应用，能够进一步提高 C51 语言程序设计能力。

任务 3.1 数字电压表设计制作

知识目标	数码管显示技术、C51 语言中数据的处理方法
技能目标	数码显示系统设计及应用、C51 语言程序设计
使用设备	主机模块、A/D 转换实验板、数码管显示实验板、数字万用表、导线、PC
实训要求	利用主机模块控制 A/D 转换实验板和数码管显示实验板，从实验板的模拟通道输入端输入直流电压，由主机模块控制进行 A/D 转换，并把转换后的数字量显示在数码管上
实训拓展	1. 调节旋钮，并用万用表测量 IN6 引脚电压，记录下当电压值为 1V、1.5V、2V、2.5V、3V、3.5V、4V、4.5V 时，数码管实验板上显示的结果 2. 编程控制在实验板的 6 个数码管上循环显示 0～9
实训报告	报告的格式和主要内容见附录，同时注意对实训拓展作较详细的说明

3.1.1 数字电压表系统操作指导

利用任务 2.2 中的 A/D 转换装置，配合数码管显示实验板（图 3-1），实现模拟电压值的数字显示。

1. 连线（表 3-1）

表 3-1   数字电压表系统接线

主 机 模 块	A/D 实验板	数码管显示实验板
40 芯数据线	40 芯数据线	P0.0～P0.7
—	V_{OUT}—IN6	P3.6
	REF（＋）—（＋5V）	P2.6

续表

主 机 模 块	A/D 实验板	数码管显示实验板
	REF(−)—GND	
P0.0～P0.7		P0.0～P0.7
P3.6		P3.6
P2.6		P2.6
P2.7		P2.7

图 3-1 数码管显示实验面板

2. 使用 Keil C51 编写、编译程序

任务 3.1 参考源程序如下：

```
#include <REG52.H>
#include <absacc.h>
#define ADC0809 XBYTE[0xFEFF]              //定义宏 ADC0809 为地址 0xFEFF,P2.0=0
#define LEDduan XBYTE[0x7FFF]              //定义宏 LEDduan 为地址 0x7FFF,P2.7=0
#define LEDbit XBYTE[0xBFFF]               //定义宏 LEDbit 为地址 0xBFFF,P2.6=0
#define LED XBYTE[0xFDFF]                  //定义宏 LED 为地址 0xFDFF,P2.1=0
unsigned int GetData;                      //定义变量 GetData,存放转换结果
sbit    ADCEOC = P3^3;                      //引脚 EOC 接在 P3.3,定义位变量 ADCEOC 为 P3.3
//定义表 LEDData,为数码管的段选码
unsigned char code LEDData[]={0xC0,0xF9,0xA4,0xB0,0x99,0x92,0x82,0xF8,0x80,0x90};
void DelayMS(unsigned int ms)              //延时函数
{
    unsigned char i;
    while(ms--) for (i=0;i<120;i++);
}
void Disp_Result(unsigned int d)           //在数码管上显示结果,定义函数 Diap_Result( )
{
    LEDbit=0xFE;                            //控制位码,在第一位数码管上显示,P0.0=0
    LEDduan=LEDData[d/10000]& 0x7F;         //查表,得段选码,送数码管显示数字
    DelayMS(10);                           //延时
    LEDbit=0xFD;                           //控制位码,在第二位数码管上显示
    LEDduan=LEDData[d%10000/1000];
    DelayMS(10);
```

```
        LEDbit＝0xFB;                        //在第三位数码管上显示
        LEDduan＝LEDData[d％1000/100];
        DelayMS(10);
        LEDbit＝0xF7;                        //在第四位数码管上显示
        LEDduan＝LEDData[d％100/10];
        DelayMS(10);
    }
    void main()                              //主函数
    {
        P1＝0x06;                            //选择 ADC0809 通道6(00000110B)
        while(1)
        {
          ADC0809＝0;                        //启动 AD 转换
          while(ADCEOC＝＝1);                //等待转换结束信号,为0等待,为1则向下执行
          GetData＝ADC0809 * 196;           //取 AD 转换结果×196
          Disp_Result(GetData);             //调用函数,将转换结果数据显示在8个发光二极管上
        }
    }
```

3．将控制程序烧写到单片机

本任务采用 Easy 51Pro 软件进行烧录操作,请参考 1.1.2、1.1.3 进行。

4．操作并观察、记录示波器状态

（1）调节 A/D 转换实验板上的旋钮,将其向左旋至尽头,可在数码管实验板上看到显示"0.000",此时将数字万用表档位调至直流电压挡,可测得 IN6 插口的电压值约为 0V。

（2）调节旋钮,将其向右旋至尽头,可在数码管实验板上看到显示"4.998",此时用万用表测得 IN6 插口的电压值约为 5V。

（3）调节旋钮至任意位置,记录数码管显示数值,并用万用表测量 IN6 引脚电压值,记录下对应数码管显示电压值和实测电压值。

3.1.2　数码管显示装置的基本原理

3.1.2.1　电路原理图

图 3－2 为数码管显示实验板的电路原理图。

3.1.2.2　数码管显示接口技术

1．数码管显示原理与选码表

数码管由 8 段发光二极管构成,当某些段的发光二极管导通时,显示对应的字符。数码管显示控制简单,使用方便,在单片机中应用非常普遍。

（1）数码管的显示原理。数码管外形及内部连线如图 3－3 所示。其内部的发光二极管有共阴极和共阳极两种连接方法,当 8 个发光二极管的阳极连接在一起并接到＋5V 电源,独立控制各发光二极管阴极电平,为高则熄灭,为低则点亮,这种连接方法称为共阳极,如图 3－3（c）所示。

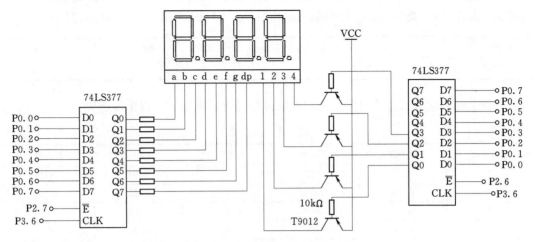

图 3-2　数码管显示电路原理图

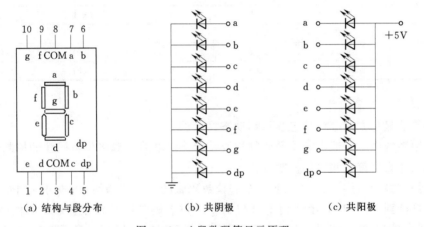

（a）结构与段分布　　（b）共阴极　　（c）共阳极

图 3-3　八段数码管显示原理

在使用数码管时，需注意：①区分两种不同的接法；②给数码管外接限流电阻 220Ω。

如图 3-4 所示电路，要在共阳极数码管上显示符号"2"，需将 a、b、d、e、g 五段发光二极管点亮，从单片机的 P0 口输出数据 0xA4（即 10100100B）即可，则数据 0xA4 称为共阳极数码管的段选码，也叫做字形码。

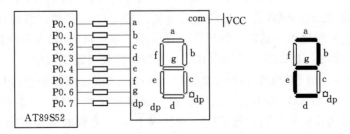

图 3-4　共阳极数码管显示符号"2"原理图

（2）数码管段选码表。通常在控制数码管显示时，8个发光二极管的控制端 a～dp 的接线方法与图3-4类似，即数据的最高位控制 dp，最低位控制 a，其对应关系如下：

数据位	D7	D6	D5	D4	D3	D2	D1	D0
控制段	dp	g	f	e	d	c	b	a

根据上述对应关系，得出共阳极和共阴极数码管显示某一字符的段选码，见表3-2。

表3-2　　　　　　　　　　　　　段　选　码　表

显示字符	共阳极	共阴极	显示字符	共阳极	共阴极
0	0xC0	0x3F	A	0x88	0x77
1	0xF9	0x06	B	0x83	0x7C
2	0xA4	0x5B	C	0xC6	0x39
3	0xB0	0x4F	D	0xA1	0x5E
4	0x99	0x66	E	0x86	0x79
5	0x92	0x6D	F	0x8E	0x71
6	0x82	0x7D	P	0x8C	0x73
7	0xF8	0x07	U	0xC1	0x3E
8	0x80	0x7F	Y	0x91	0x6E
9	0x90	0x6F	灭	0xFF	0x00

2. 数码管动态显示控制

数码管的显示方式分为静态显示和动态显示。

在应用系统中，一般由多位数码管构成显示接口电路，对多位数码管的控制包括字形控制（显示什么字符）和字位控制（哪一位显示）。

（1）静态显示。如图3-4所示，某一位数码管的字形控制线 a～dp 接在 P0 口，其他位数码管可接到 P1～P3 口上，由 I/O 口对每一位数码管进行独立控制，叫做静态显示。其程序控制比较简单，使用指令"P0=0xB0;"就可以在数码管上显示字符"3"。虽然编程简单，但是静态显示占用的 I/O 口较多，适用于显示位数少的场合。

（2）动态显示。动态显示就是轮流点亮某一位数码管，在同一时刻只有一位被点亮，但由于人眼的视觉停留效应和发光二极管熄灭时的余辉，出现了多位字符"同时"显现的现象。本任务中所使用的实验板上的数码管即为动态显示方式。为了实现多位数码管的动态显示，通常将所有位的字形控制线 a～dp 分别并接在一起，由一个8位 I/O 口控制，将每一位数码管的位控制线（即公共端）分别由独立的 I/O 口控制，实现各位的分时选通显示。图3-2电路原理图中的四位数码管，仅使用了单片机 P0 口及部分地址线和控制线进行控制，配合两块74LS377芯片和晶体管 T9012，实现了动态显示。

（3）字形控制。由 P0 口经74LS377控制 a～dp，之所以能够避免与位控制信号产生冲突，关键在于对74LS377的控制。其中，控制线 $\overline{WR}$ 接在74LS377的 CLK 引脚，地址线 P2.7接 $\overline{E}$（输出使能）引脚，当 P2.7＝0 且 $\overline{WR}$ 信号有效时能够控制 a～dp。参考任务2.1中接口地址计算的方法，可得到单片机对字形控制的地址为 0x7FFF。在程序中，使用指令"XBYTE[0x7FFF]=段选码;"可完成对字形的控制。

（4）位控制。由 P0 经另一片 74LS377 和三极管控制 4 位数码管的位信号。根据电路接线，根据地址线 P2.6 连接 74LS377 的 $\overline{E}$ 引脚，得到位控制地址 0xBFFF。要控制第一位数码管显示，使用指令"XBYTE[0xBFFF]=0xFE;"即可。

3.1.3　数码管显示数字电压表的源程序分析

在本任务提供的参考程序中，使用了如下函数进行显示控制。

```
void Disp_Result(unsigned int d)      //在数码管上显示结果,定义函数 Diap_Result( )
{
    LEDbit=0xFE;              //控制位码,在第一位数码管上显示,P0.0=0
    LEDduan=LEDData[d/10000]& 0x7F;    //查表,得段选码,送数码管显示数字
    DelayMS(10);             //延时
    LEDbit=0xFD;             //控制位码,在第二位数码管上显示
    LEDduan=LEDData[d%10000/1000];
    DelayMS(10);
    LEDbit=0xFB;             //在第三位数码管上显示
    LEDduan=LEDData[d%1000/100];
    DelayMS(10);
    LEDbit=0xF7;             //在第四位数码管上显示
    LEDduan=LEDData[d%100/10];
    DelayMS(10);
}
```

在函数中，符号 LEDbit 定义为地址 0xBFFF，LEDduan 定义为地址 0x7FFF，参数 d 为 ADC0809 转换结果乘以 196 后的值，数组变量 LEDData 为预先定义的表，表中存有。

（1）参数 d。由任务 2.3 可知，ADC0809 进行 A/D 转换的输出值范围是 0~255，每一个数对应 0~+5V 之间的一个电压值，分辨率为 5V/255=0.0196V=19.6mV。由于在 C 语言中使用整数运算较为方便，所以取值 196。假设 A/D 转换结果为 200，在主函数中将 200 乘以 196，则参数 d=200×196=39200，取高四位用以显示，为 3920mV=3.920V，即数字量 200 对应的电压值为 3.920V。

（2）指令"LEDbit=0xFE;"。相当于指令"XBYTE[0xBFFF]=0xFE;"，那么从 P0 输出 0xFE，使 P0.0=0，经 74LS377 和晶体管控制电路，向数码管位 1 输入高电平，完成了第一位显示的位控制；第二、第三、第四位的控制码分别是 0xFD、0xFB、0xF7。

（3）指令"LEDduan=LEDData[d/10000]& 0x7F;"。输出最高位的字形控制码，此处使用的"d/10000"是利用 C 语言的除法运算，取得 d 的万位，然后利用查表法 LED-Data[n] 将万位数对应的段选码找出。因为最高位应显示小数点，所以和数据 0x7F 进行逻辑与运算，确定显示小数点。例如，d=39200，那么①"d/10000"=3；②"LEDData[3]"=0xB0；③"0xB0 & 0x7F"=0x30；④将 0x30 送数码管 a~dp 进行字形控制，显示符号"3."。

（4）表达式 d%10000/1000、d%1000/100 和 d%100/10 分别算出千位、百位和十位上的数，用以查表取得段选码进行字形控制。

任务 3.2 仿电梯数字滚动显示屏的点阵控制

知识目标	点阵显示技术、C51 语言中数据的处理方法
技能目标	点阵显示系统设计、C51 语言程序设计
使用设备	单片机最小系统（主机模块）、点阵显示实验板、继电器控制实验板、导线、PC
实训要求	利用主机模块控制点阵显示实验板和继电器控制实验板，检测按键状态，控制在点阵显示屏上仿电梯滚动显示数字，到位后暂停，且继电器接通，发光二极管被点亮
实训拓展	1. 更换继电器实验模块，使用 8 个按钮，仿 8 层电梯数字滚动显示 2. 仅使用主机模块和点阵显示模块，编程控制在点阵显示模块上循环显示 0～9
实训报告	报告的格式和主要内容见附录，同时注意对实训拓展作较详细的说明

3.2.1 点阵控制系统操作指导

LED 数码管能够显示的字符信息有限，为了能够显示更多、更复杂的字符，如汉字、图形等信息，常采用点阵式 LED 显示器。本任务学习点阵显示器的控制。

1. 连线

主机模块与点阵显示实验板和继电器控制实验板的连线参见表 3-3，图 3-5 给出了按键和继电器控制原理图。

表 3-3　　　　　　　　　　　点阵控制系统接线

主机模块	实验板	说明
P0.0～P0.7	点阵实验板 P0.0～P0.7	数据线
P3.6	点阵实验板 P3.6	"写"控制信号
P2.4	点阵实验板 P2.4	行 1～8 控制线，则地址为 0xEFFF
P2.6	点阵实验板 P2.6	列 1～8 控制线，则地址为 0xBFFF
P1.0～P1.7	继电器实验板 P1.0～P1.7	控制继电器
P3.0～P3.3	继电器实验板 P3.0～P3.3	读取按键状态

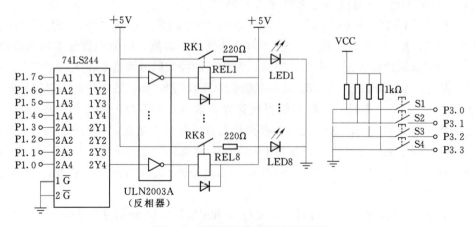

图 3-5 按键和继电器控制原理图

2. 使用 Keil C51 编写、编译程序

任务 3.2 参考源程序如下：

```c
#include <reg52.h>
#include <intrins.h>
#include <absacc.h>
#define uchar unsigned char
#define uint unsigned int
#define Lie XBYTE[0xBFFF]          //定义宏 Lie 为地址 0xBFFF,列控制地址
#define Hang XBYTE[0xEFFF]         //定义宏 Hang 为地址 0xEFFF,行控制地址
uchar code Table[]=               //定义点阵字模(列扫描码)
{
0x1C,0x22,0x26,0x2A,0x32,0x22,0x1C,0x00,      //"0"的字模(列扫描码)
0x08,0x18,0x08,0x08,0x08,0x08,0x1C,0x00,      //"1"
0x1C,0x22,0x02,0x0C,0x10,0x20,0x3E,0x00,      //"2"
0x3E,0x02,0x04,0x0C,0x02,0x22,0x1C,0x00,      //"3"
0x04,0x0C,0x14,0x24,0x3E,0x04,0x04,0x00       //"4"
};
uint r = 0;                       //变量 r
char offset = 0;                  //偏移量 offset,利用它查表取字模
uchar Current , Dest , x = 0, t = 0;  //Current 为当前楼层,Dest 为目标楼层
uchar LieS;                       //变量 Lies 用以控制列数据

void main()                       //主函数
{
    LieS=0x80;                    //设列控制字初值为 0x80
    Current = 1;                  //当前楼层设初值为 1
    Dest = 1;                     //目标楼层设初值为 1
    TMOD = 0x01;                  //设置 T0 工作方式,为定时器,方式 1
    TH0 = -4000 / 256;            //设置计数初值
    TL0 = -4000 % 256;
    TR0 = 1;                      //启动定时器
    IE = 0x82;                    //开放 CPU 中断,允许 T0 中断
    while(1);                     //等待中断
}
void Display() interrupt 1        //定时器 T0 中断函数
{
    uchar i;
    if(P3 ! = 0xFF && Current == Dest)   //判断按键状态
    {
        if (P3==0xFE) Dest = 1;   //若按下 S1,则目标楼层为 1
        if (P3==0xFD) Dest = 2;   //若按下 S2,则目标楼层为 2
        if (P3==0xFB) Dest = 3;   //若按下 S3,则目标楼层为 3
        if (P3==0xF7) Dest = 4;   //若按下 S4,则目标楼层为 4
```

```
    }
    TH0 = -4000 / 256;                       //重新设置初值
    TL0 = -4000 % 256;
    LieS=_crol_(LieS,1);                     //改变列控制字左移1位
    Lie = LieS;                              //将列控制字送地址0xBFFF,控制列信号
    i = Current * 8 + r + offset;            //为查表取数做准备
    Hang = ~Table[i];     //查表,并将查表所得数取反后送地址0xEFFF,控制行
    if (Current < Dest)        //判断,如果当前楼层小于目标楼层,应向上滚动显示
    {
        if (++r==8)
        {
            r = 0;
            if (++x == 4)
            {
                x=0;
                if (++offset == 8)
                {
                    offset=0;
                    Current++;
                }
            }
        }
    }
    else
    if ( Current > Dest)       //判断,如果当前楼层大于目标楼层,应向下滚动显示
    {
        if (++r==8)
        {
            r = 0;
            if (++x == 4)
            {
                x=0;
                if (--offset == -8)
                {
                    offset =0;
                    Current--;
                }
            }
        }
    }
    else                       //到达当前楼层,则停留显示效果
    {
        if (++r == 8) r=0;
        P1=Dest
    }
}
```

3. 将控制程序烧写到单片机

本任务采用 Easy 51Pro 软件进行烧录操作，请参考 1.1.2、1.1.3 进行。

4. 操作并观察、记录点阵屏和继电器状态

（1）程序烧录到单片机后，即开始运行。此时默认当前楼层和目标楼层都为 1，故在点阵屏上看到固定显示数字 1，继电器 K1 接通，对应 K1 发光二极管点亮。

（2）按下 S2 按钮，点阵屏向上滚动显示 1－2，后固定显示 2，继电器 K2 接通。

（3）按下 S4 按钮，点阵屏向上滚动显示 2－3－4，后固定显示 4，继电器 K4 接通。

（4）按下 S1 按钮，点阵屏向下滚动显示 4－3－2－1，后固定显示 1，继电器 K1 接通。

3.2.2 点阵显示的基本原理

3.2.2.1 电路原理图

图 3－6 为点阵显示的电路原理图。其中 74LS273 与点阵显示屏之间的电阻为 220Ω。

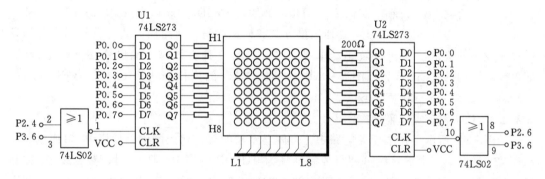

图 3－6 8×8 点阵显示屏电路原理图

3.2.2.2 点阵显示原理

点阵显示器其实就是 LED 显示器，构成显示屏的所有 LED 都依矩阵形式排列。在点阵式 LED 显示器中，行、列交叉点对应一只发光二极管（一般正极接行线，负极接列线），二极管的数量决定了点阵式 LED 显示器的分辨率。

1. 分类和结构

点阵显示器的种类可分为单色、双色、三色几种。根据矩阵每行或每列所含 LED 个数的不同，点阵显示器还可以分为 5×7、8×8、16×16 等类型。本任务中采用的是单色 8×8 点阵显示器，其内部等效电路如图 3－7 所示。

2. 显示原理

由图 3－7 可知，只要让某些 LED 亮，就可以组成数字、英文字母、图形和汉字。从内

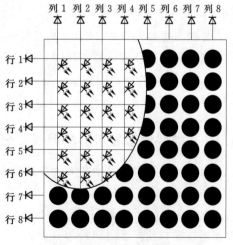

图 3－7 点阵显示器内部等效电路

部结构不难看出,点亮 LED 的方法就是要让 LED 所对应的行线、列线分别加上高、低电平。但是其内部的 64 个 LED 不是单独控制的,在控制中应采用多行扫描的方式,实现动态显示的效果。

数字和字母可以在一片 8×8 点阵显示器上清楚地显示出来,但若要显示较复杂的汉字和图形,必须要由几个 8×8 点阵显示器共同组合才能完成。

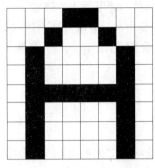

图 3-8 字母"A"造型

以下针对字母在点阵显示器上的显示原理进行说明。

行扫描方式和行扫描码:如图 3-8 所示为字母"A"在 8×8 点阵上的造型。根据该造型,可知当第一行行线输出有效驱动电平"1"时,从列线输出 0xE7,则将第一行的中间两个 LED 点亮,依次控制第 n 行,分别从列线输出控制码,即可以动态方式在点阵显示器上显示字母"A"。这种方式称为行扫描方式,从列线依次送出的控制码称为行扫描码。对于图 3-8 中字母"A"的造型结构,它的行扫描码为 0xE7、0xDB、0xBD、0xBD、0x81、0xBD、0xBD、0xBD。

列扫描方式和列扫描码:列扫描方式与行扫描类似,只不过是控制列线依次输出有效驱动电平"0",当第 n 列有效时,输出列扫描码至行线,即可驱动该列的 LED 点亮。图 3-8 中的字母"A"的列扫描码为 0x00、0x3F、0x48、0x88、0x88、0x48、0x3F、0x00。

3.2.2.3 C51 语言点阵显示控制

如图 3-6 所示,在本任务电路中,点阵显示器的行、列控制由单片机 P0 口通过 2 个74LS273 来完成,根据接线可知行控制地址为 0xEFFF(当 P2.4=0 时,数据线 P0 控制行 H1~H8),列控制地址为 0xBFFF(当 P2.6=0 时,数据线 P0 控制列 L1~L8)。利用C51 语言程序可由如下指令对点阵进行控制(参考图 3-8 中字母"A"的造型和扫描码)。

```
行扫描方式:XBYTE[0xEFFF] = 0x01;   //控制第一行输出有效电平"1"
          XBYTE[0xBFFF] = 0xE7;   //第一行的扫描码
```

控制点亮第一行的 LED。使用同样的方法,可以控制所有 8 行点阵显示器。需要注意在点亮每一行点阵后添加延时,保留显示时间。

```
列扫描方式:XBYTE[0xBFFF] = 0xDF;   //控制第三列输出有效电平"0"
          XBYTE[0xEFFF] = 0x48;   //第三列的扫描码
```

3.2.3 数字滚动显示屏的源程序分析

源程序采用定时器中断方式处理键盘扫描和点阵显示控制。

1. 键盘扫描

程序中采用了 if 语句"if(P3! =0xFF && Current == Dest)"判断按键状态,没有处理按键抖动。该语句的条件是,当 P3 不等于 0xFF 并且当前楼层值 Current 与目标楼层值 Dest 相等,表示电梯已经到达目标层,并有按键按下,下一步需要检测按键状态。

2. 显示控制部分

（1）列控制信号：采用指令"LieS＝_crol_(LieS,1);"改变列控制信号，其中函数"_crol_(Lies,1)"是在头文件 intrins.h 中提供的左移函数，可将 Lies 的值左移 1 位。

（2）列扫描码：首先将列扫描码存放在数据表 Table [] 中，在程序中利用指令"i = Current * 8 +r +offset;"计算扫描码在数据表中的位置，再通过指令"Hang = ～Table[i]"依次取得扫描码，输出控制行。

任务 3.3 液 晶 显 示 控 制

知识目标	液晶显示控制技术、液晶显示驱动程序的编写和应用
技能目标	液晶显示控制系统设计、C51 语言程序设计、对模块化电路的应用
使用设备	单片机最小系统（主机模块）、LCD 控制实验板、导线、PC
实训要求	利用主机模块控制 LCD 控制实验板，在液晶显示屏上显示字符
实训拓展	1. 修改主函数 main（）中的内容，控制在液晶显示器上显示其他字符 2. 结合任务 2.2 中的 A/D 转换器，将 A/D 转换结果显示在液晶显示器上
实训报告	报告的格式和主要内容见附录，同时注意对实训拓展作较详细的说明

3.3.1 液晶显示控制系统操作指导

液晶显示器（LCD）具有显示质量高、体积小、重量轻、功耗小等优点，近几年来广泛运用于单片机控制的智能仪器、仪表和低功耗电子产品中。本任务将介绍点阵字符型液晶显示模块 1602（图 3-9）的使用方法。

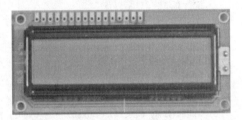

图 3-9　液晶显示模块 1602 外形图

1. 连线

主机模块与液晶模块的连线见表 3-4。

表 3-4　　　　　　　　　　　**1602 液晶模块单片机控制接线表**

主 机 模 块	液 晶 模 块	说 明
数据线 P0.0～P0.7	D0～D7	传送"数据"或"控制命令"
P2.0	RS	1602 内部寄存器选择信号
P2.1	R/W	1602 读/写控制信号
P2.2	E	1602 使能端
VCC、GND	VDD、VSS	电源线

2. 使用 Keil C51 编写、编译程序

任务 3.3 参考源程序如下（在指令后标出的知识点，将在后续说明中分析）：

```
#include ⟨reg52.h⟩
#define uchar unsigned char
#define uint unsigned int
sbit RS = P2^0;              //知识点1
sbit RW = P2^1;
sbit EN = P2^2;
//延时
void DelayMS(uint ms)
{
    uchar i;
    while(ms--)for (i=0;i<120;i++);
}
//忙检查
uchar Busy_Check()          //知识点2
{
    uchar LCD_Status;
    RS=0;                   //寄存器选择
    RW=1;                   //读命令寄存器
    EN=1;                   //开始读
    DelayMS(1);
    LCD_Status = P0;
    EN=0;
    return LCD_Status;
}
//写LCD命令到命令寄存器
void Write_LCD_Command(uchar cmd)         //知识点3
{
    while((Busy_Check() & 0x80) == 0x80);//忙则等待
    RS=0; RW=0; EN=0;
    P0=cmd; EN=1; DelayMS(1); EN=0;
}
//写数据到数据寄存器
void Write_LCD_Data(uchar dat)        //知识点4
{
    while((Busy_Check()&0x80)==0x80);//忙则等待
    RS=1; RW=0; EN=0; P0=dat; EN=1; DelayMS(1); EN=0;
}
//LCD初始化
void Initialize_LCD()                 //知识点5
{
    Write_LCD_Command(0x38);
    DelayMS(1);
    Write_LCD_Command(0x01);//清屏
    DelayMS(1);
```

```
    Write_LCD_Command(0x06);//设置字符进入模式:屏幕不动,字符后移
    DelayMS(1);
    Write_LCD_Command(0x0C);//显示开,关闭光标
    DelayMS(1);
}
//显示单字符
void ShowOne(uchar x,uchar y, uchar d)          //知识点6
{
        //设置起始显示位置
    if (y==0)Write_LCD_Command(0x80 | x);
    if (y==1)Write_LCD_Command(0xC0 | x);
    Write_LCD_Data(d);
}
//显示字符串
void ShowString(uchar x,uchar y,uchar * str)          //知识点7
{
    uchar i=0;
    //设置起始显示位置
    if (y==0)Write_LCD_Command(0x80 | x);
    if (y==1)Write_LCD_Command(0xC0 | x);
    //输出字符串
    for (i=0;i<16;i++)
    {
        Write_LCD_Data(str[i]);
    }
}
void main()
{
    uchar Hang1[]=" A/D Result is   ";
    uchar Hang2[]=" CH1:4.998V     ";
    Initialize_LCD();
    ShowString(0,0,Hang1);
    ShowString(0,1,Hang2);
    ShowOne(14,1,'o');
    ShowOne(15,1,0x6B);
    while(1);
}
```

3. 将控制程序烧录到单片机

本任务依旧采用的是 Easy 51Pro 软件进行烧录操作，请参考1.1.2、1.1.3进行。

4. 观察分析液晶显示屏的状态

烧写程序后，单片机立刻执行程序，在液晶显示屏上显示2行字符，如图3-10所示。

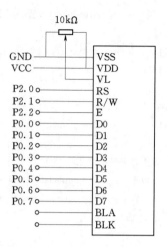

图3-10 液晶显示状态　　　　图3-11 液晶显示控制原理图

3.3.2 液晶显示原理及其接口技术

3.3.2.1 电路原理图

图3-11为液晶显示控制系统的电路原理图。

3.3.2.2 液晶显示接口技术

在单片机应用系统中使用液晶显示器件主要目的是为了能够更便捷、清晰地显示文字、图形，常用于显示温度、电压、日期等。在本任务中，关键是如何编程实现显示功能，当需要显示 A/D 转换的电压值时，将 A/D 转换的结果以液晶模块的格式要求输出。而关于控制其他更多的图形显示方面，读者可参考其他相关资料，以加深对液晶显示控制的理解。

1. 1602 液晶模块简介

字符型液晶显示模块目前在国际上已经规范化，无论显示屏规格如何变化，其电特性和接口形式都是统一的。因此只要设计出一种型号的接口电路，在指令设置上稍加改动即可使用各种规格的字符型液晶显示模块。

1602 字符型液晶显示模块由字符型液晶显示屏（LCD）、控制驱动主电路 HD44780 及其扩展驱动电路 HD44100、少量阻容元器件及结构件等装配在 PCB 上而成。1602 是一种 16×2 字符的液晶显示模块，广泛应用于数字式便携仪表中。

1602 内部具有 80 字节的显示缓冲区 DDRAM 以及用户自定义的字符发生存储器 CGROM，可显示数字、英文字母、常用符号和日文假名等 192 种字符，包括 160 个 5×7 点阵字符和 32 个 5×11 点阵字符。每个字符都有一个固定的代码，如数字 0～9 的代码为 0x30～0x39，将这些代码输入 DDRAM 中，就可以实现显示。此外，1602 中还有 64 个字节的自定义字符 RAM，可自定义 8 个 5×8 点阵字符或 4 个 5×11 点阵字符。

1602 液晶模块各引脚功能说明如下：

（1）VSS：接地端。

（2）VDD：电压正极，+5V 电压。

（3）VL：液晶显示偏压信号。

（4）RS：数据/命令寄存器选择端。高电平表示选通数据寄存器，低电平表示选通命令寄存器。

（5）R/W：读/写选择端。高电平表示读操作，低电平表示写操作。

（6）E：使能端，高电平有效。

（7）D0～D7：数据输入/输出端。

（8）BLA：背光电源正极。

（9）BLK：背光电源负极。

2. 1602 的内部寄存器和工作状态选择

1602 内部用一片型号为 HD44780 的集成电路作为控制器，它具有驱动和控制两个主要功能，由控制引脚 RS、R/W 的状态来选择内部寄存器和工作状态。

（1）内部寄存器选择。其内部有数据寄存器和命令寄存器，数据寄存器用以保存数据或显示符号；命令寄存器根据不同的指令格式，完成对液晶显示模块的控制。由引脚 RS 来决定选中哪个寄存器：RS=0 选择命令寄存器，RS=1 选择数据寄存器。

（2）工作状态选择。工作状态有 4 种，由 1602 的引脚 RS 和 R/W 的状态决定其工作于何种方式，见表 3-5。

表 3-5　　　　　　　　　　　　　　HD44780 的 4 种工作状态

RS	R/W	E	工 作 状 态
0	0	1（上升沿）	向内部的命令寄存器写入控制命令
0	1	1	从命令寄存器中读出忙标志或地址计数器
1	0	1（上升沿）	向数据寄存器写数据
1	1	1	从数据寄存器读数据

3. 1602 的控制命令

1602 内部控制器 HD44780 共有 11 条控制指令，其指令格式见表 3-6。

表 3-6　　　　　　　　　　　　　　HD44780 的指令格式

序号	指 令 功 能	RS	R/W	D7	D6	D5	D4	D3	D2	D1	D0
1	清屏	0	0	0	0	0	0	0	0	0	1
2	光标返回	0	0	0	0	0	0	0	0	1	—
3	输入方式设置	0	0	0	0	0	0	0	1	I/D	S
4	显示开/关控制	0	0	0	0	0	0	1	D	C	B
5	光标或字符移位	0	0	0	0	0	1	S/C	R/L	—	—
6	功能设置	0	0	0	0	1	DL	N	F	—	—
7	设置字符发生存储器地址	0	0	0	1	字符发生器存储地址（A5～A0）					
8	设置数据存储器 DDRAM 地址	0	0	1	显示数据存储器地址（D6～D0）						
9	读忙标志和地址计数器	0	0	BF	计数器地址 AC（D6～D0）						
10	写数据到 CGRAM 或 DDRAM	1	0	要写的数 D7～D0							
11	从 CGRAM 或 DDRAM 读数据	1	1	读出的数 D7～D0							

注　表中"—"为任意数（0 或 1），不影响指令功能；其他可变位的作用参见各指令功能说明。

表 3-6 中的指令格式说明如下,其中常用的指令有指令 1、4、6、8、9 和 10。在本任务的参考程序中,涉及 1602 控制命令的地方,应查看下述说明,分析其功能。

(1) 指令 1。清除屏幕,指令码为 0x01,光标回到显示屏的左上方,即地址为 0x00 的位置。使用说明:当单片机发送"0x01"到内部的命令寄存器时,清除屏幕。

(2) 指令 2。光标返回到显示屏左上方。使用说明:当单片机发送"0x02"或"0x03"(D1 位为 1)到内部命令寄存器时,光标返回显示屏左上方。

(3) 指令 3。用于设定每写入一个字节数据后,光标的移动方向及字符是否移动。其中,S=1,允许画面平移;S=0,画面不动。配合 I/D 位的状态进行移动控制。I/D=1,数据读/写操作后地址计数器 AC 加 1;I/D=0,则 AC 减 1。

(4) 指令 4。设置显示器、光标及闪烁的开关。其中,D=1 为开器显示,D=0 为关显示器;C=1 为开光标,C=0 为关光标;B=1 为光标闪烁,B=0 为光标不闪烁。

(5) 指令 5。控制光标、画面移动,不影响 DDRAM。其中,S/C=1 画面平移一个字符位,S/C=0 为光标平移一个字符位;R/L=1 为右移,R/L=0 为左移。

(6) 指令 6。工作方式设置,初始化命令。其中,DL=1 为 8 位数据接口,DL=0 为 4 位数据接口;N=1 为两行显示,N=0 为一行显示;F=1 为 5×10 点阵字符,F=0 为 5×7 点阵字符。

(7) 指令 7。CGRAM 地址设置。为 6 位地址信息 0x00~0x3F。

(8) 指令 8。设置 DDRAM 地址,即设置字符在显示器的显示位置。对于 1602 来说,在第一行显示,那么设置 DDRAM 地址命令格式为 10000000B~10001111B,用十六进制表示为 0x80~0x8F,当单片机发送"0x83"到内部命令寄存器时,设置了字符显示第一行第 4 列的位置。若设置在第二行显示,那么其命令格式为 11000000B~11001111B,即 0xC0~0xCF。

(9) 指令 9。读出数据,根据数据内容可判断显示器忙状态和 AC 值。其中,BF=1 表示忙,BF=0 表示准备好。此命令在 LCD 显示器控制中经常使用到。当显示模块内部控制器在进行显示的控制时,不接收外部指令和数据,会发出 BF=1 的忙标志。只有当 BF=0 时,表示可控制器准备好了,这时才应送指令或数据。

(10) 指令 10。写数据,将数据写入 DDRAM 或 CGRAM。配合指令 8,设置 DDRAM 地址后,可将需要显示的字符数据写入数据寄存器中,即可在显示器上显示字符。若配合指令 7,则为自定义字符。

(11) 指令 11。读数据。读出 DDRAM 或 CGRAM 的数据。

例如,要在 1602 显示器上第一行第 5 列显示字符"A",需使用指令 6 进行初始化,用指令 4 设置显示开,用指令 8 设置显示位置"0x84",再用指令 10 写入数据"0x41",完成字符"A"的显示。另外,需要注意在每次给 1602 发送命令或数据前,都应先用指令 9 查询忙状态,才能保证命令或数据的写入。

3.3.3 液晶显示控制驱动源程序分析

在本任务提供的源程序中,绝大部分为控制点阵字符型液晶显示模块的接口程序。在控制 1602 以及使用 HD44780 控制器的液晶显示模块的程序中,可作为标准程序块采用,避免重复编程，提高工作效率。

1. 控制引脚定义

在本任务电路原理中，使用 P2.0 控制 1602 的 RS 引脚，用 P2.1 控制 R/W 引脚，用 P2.2 控制 E 引脚。所以在程序中，利用位定义指令：

sbit RS = P2^0; sbit RW = P2^1; sbit EN = P2^2

将符号 RS、RW、EN 分别定义为 P2.0、P2.1、P2.2，便于在后续程序中使用这三个控制引脚，程序更加清晰。另外，如实际设计的 1602 接口电路不是使用 P2.0~P2.2 这三个引脚，也只需改变三条位定义指令而已，不必改动后续程序。

2. 忙检查子程序

在对 1602 的控制过程中，需要给 1602 发送命令或数据，但在每次发送前都必须查询液晶控制器是否空闲，为避免重复编程，提高程序的可读性和简洁性，设计了忙检查子程序。代码如下：

```
uchar Busy_Check()
{
    uchar LCD_Status;
    RS=0;           //寄存器选择
    RW=1;           //读命令寄存器
    EN=1;           //开始读
     DelayMS(1);
    LCD_Status = P0;
    EN=0;
    return LCD_Status;
}
```

本子程序的主要任务是读出命令寄存器的状态值，当在其他位置调用时，提供状态值进行判断。

在子程序中，利用指令"RS=0;"选择命令寄存器，利用指令"RW=1;"设置"读取"功能。当使能信号 E 通过指令"EN=1;"设为有效时，接在 1602 模块的数据线上的状态就是命令寄存器的状态，利用指令"LCD_Status＝P0;"保存到变量 LCD_Status 中。其中，指令"RS=0;RW=1;EN=1;"是根据表 3-5 中的指令格式编写的。

3. 写命令子程序

在控制器内部有数据寄存器和命令寄存器，根据表 3-5 中的指令格式要求，向两个寄存器中写入内容时所需的控制信号不同，所以需分别编写程序。写入命令寄存器的方法如下：

```
void Write_LCD_Command(uchar cmd)         //知识点 3
{
    while((Busy_Check() & 0x80) == 0x80);  //忙则等待
    RS=0;  RW=0;  EN=0;
    P0=cmd;  EN=1;  DelayMS(1);  EN=0;
}
```

（1）函数的参数 cmd。在调用该函数时，需提供一个参数，该参数通过函数中的指令"P0＝cmd；"送到1602的数据引脚 D0～D7，送入内部命令寄存器，所以这一参数需按表3-5中的指令格式要求进行设置。

（2）指令"while((Busy_Check()&0x80)＝0x80);"。当满足条件时循环执行本指令，其条件为"(Busy_Check()& 0x80) == 0x80"。其中"Busy_Check()"调用了忙查询子程序，取得命令寄存器的状态值，将该值和0x80进行逻辑与运算，若运算结果等于0x80，表示该状态值最高位为1，即 BF＝1，表示忙，所以此时需循环等待，至1602控制器空闲为止。

（3）"RS＝0;RW＝0;EN＝0;"。三条指令中，令 RS 和 RW 为0，表示写入命令寄存器；EN 为0，则写入无效，暂不进行写入动作，等待数据引脚 D0～D7 上的数据稳定后再写入。

（4）"P0＝cmd;EN＝1;DelayMS(1);EN＝0;"。首先将要写入的命令送 P0，然后使能端为1，则此时可写入命令寄存器，延时1ms后写入完毕，设 EN 为0，结束写入操作。

4．写数据子程序

程序如下，与写命令子程序基本相同，主要区别在于通过指令"RS＝1;"选择了数据寄存器。

```
void Write_LCD_Data(uchar dat)              //知识点4
{
    while((Busy_Check()&0x80)==0x80);//忙则等待
    RS=1;  RW=0;  EN=0;  P0=dat;  EN=1;  DelayMS(1);  EN=0;
}
```

5．LCD 初始化子程序

```
void Initialize_LCD()                       //知识点5
{
    Write_LCD_Command(0x38);
    DelayMS(1);
    Write_LCD_Command(0x01);//清屏
    DelayMS(1);
    Write_LCD_Command(0x06);//设置字符进入模式:屏幕不动,字符后移
    DelayMS(1);
    Write_LCD_Command(0x0C);//显示开,关闭光标
    DelayMS(1);
}
```

在函数中，4次调用写命令子程序向1602的命令寄存器写入不同的命令，对 LCD 进行初始化。

（1）写入"0x38"。因 0x38 ＝ 0011 1000 B，查表3-5可知这是指令6的格式。数据"0x38"的写入，使 DL＝1，N＝1，F＝0，从而设置了1602的工作方式为：8位数据接口，2行显示，使用5×7点阵字符。

（2）写入"0x01"。清屏。

（3）写入"0x06"。设置字符进入模式：屏幕不动，字符后移。

（4）写入"0x0C"。设置显示开，关闭光标。

通过以上设置，完成了对 1602 的初始化。读者可参考表 3-5 尝试改变其中的命令值，并对比修改前后的效果，加深对指令格式的理解。

6. 显示单字符子程序

要控制在 1602 上的某一位置显示字符，可采用本子程序。

```
void ShowOne(uchar x,uchar y, uchar d)          //知识点 6
{
        //设置起始显示位置
    if (y==0)Write_LCD_Command(0x80|x);
    if (y==1)Write_LCD_Command(0xC0|x);
    Write_LCD_Data(d);
}
```

函数设置了 3 个参数，x 为控制显示在第几列，y 为控制显示在第几行，d 为控制要显示的字符。

（1）调用写命令子程序。参数为（0x80|x）或（0xC0|x），其中符号"｜"为逻辑或运算。由指令 8 的格式说明可知，要在第一行显示字符，控制命令格式的最高位必须为1，在第二行显示字符，控制命令格式的高 2 位必须为 11。

（2）调用写数据子程序。参数 d 应在调用 ShowOne 函数中提供。例如，指令"ShowOne（14，1，'o'）；"的结果为，在第一行第 15 列显示字符"o"。

7. 显示字符串子程序

在 1602 上每一行可显示 16 个字符，为便于显示多个字符，可采用本子程序。

```
void ShowString(uchar x,uchar y,uchar * str)          //知识点 7
{
    uchar i=0;
    //设置起始显示位置
    if (y==0)Write_LCD_Command(0x80 | x);
    if (y==1)Write_LCD_Command(0xC0 | x);
    //输出字符串
    for (i=0;i<16;i++)
    {
        Write_LCD_Data(str[i]);
    }
}
```

在程序中，使用了符号"＊"，这是一种数据类型，称为指针型，指的是对象的地址。利用循环语句 for，连续输出显示 16 个字符。

例如，在参考源程序中，使用指令：

```
uchar Hang1[]=" A/D Result is ";
ShowString(0,0,Hang1);
```

实现在第一行第一列开始显示数组 Hang1[] 中的字符 "A/D Result is"，定义数组时，不足 16 个符号的，用空格补全。

通过以上 7 个子程序，可实现对 1602 的读写控制，在主程序中，只需调用 "ShowOne( )" 函数或 "ShowString( )" 函数，并按函数要求和指令功能要求配以一定的参数即可。

项目4 机电控制应用

【教学目标要求】

知识目标：单片机I/O口与外部设备的连接、步进电动机的控制原理、空调温度系统的控制原理、温度传感器DS18B20的控制原理、C51语言程序设计。

技能目标：步进电动机驱动电路设计、DS18B20控制电路接线、万用表测试元器件或电路的方法。

任务4.1 步进电动机控制器

知识目标	单片机的I/O口应用、步进电动机的驱动原理、步进电动机C51驱动程序的设计
技能目标	单片机与步进电动机驱动电路的连接、步进电动机与驱动电路的接线、万用表测试元器件或电路的方法
使用设备	单片机最小系统（主机模块）、步进电机驱动电路（实验板）、万用表、导线、PC
实训要求	利用主机模块控制对步进电动机控制实验板进行控制，实现步进电动机的正转、反转，以及加速和减速控制
实训拓展	利用单片机实现直流电动机的运行控制，参考步进电动机的运行控制编程。以图4-3和图4-4为直流电机驱动电路方案，编程实现直流电动机正转、反转、加速和减速的控制
实训报告	报告的格式和主要内容见附录，同时注意对实训拓展作较详细的说明

4.1.1 步进电动机控制器操作指导

在机电控制领域内使用步进电动机作为电力拖动的动力源已是非常普遍，步进电动机的控制相比于其他数字控制的电动机更简单、更经济，也更适合于初学人员用来开发电动机控制系统。本任务就是使用单片机作为主机模块来控制步进电动机的运行，从而掌握一般电动机控制系统的开发设计的方法。

1. 连线

用4根导线分别把主机模块P0口的P0.0、P0.1、P0.2、P0.3连接K1～K4，用8根导线分别把P2.0～P2.7连到74LS244的2、4、6、8、11、13、15、17引脚。

2. 使用Keil C51编写、编译程序

任务4.1参考源程序如下：

————————————————步进电动机控制程序————————————————

```c
#include<reg51.h> //#include <AT89X51.H>
sbit K_1=P0^0;
sbit K_2=P0^1;
sbit K_3=P0^2;
sbit K_4=P0^3;

unsigned char m=12;
void delay(unsigned char SpeedN)        //延时子程序
{
    unsigned char i, j, k;
        for(i=SpeedN; i>0; i--)
        for(j=20; j>0; j--)
        for(k=248;k>0;k--);
}
void DELAY10(unsigned char ms)
{unsigned char b;
while(ms--) for(b=0;b<120;b++);
}

unsigned char jiasu()
  { if(0==K_3)          //K3闭合
                { DELAY10(10);//调用延时子程序
                 if(0==K_3)
                    {while(0==K_3);
                     if(m>7)
                        {
                          m-- ;//加速
                        }
                    }
                }
    return(m);
}

unsigned char jiansu()
{               if(0==K_4)          //K4闭合
                { DELAY10(10);//调用延时子程序
                 if(0==K_4)
                    {while(0==K_4);
                    if(m<17)
                      {
                      m++;//减速
                      }
                    }
```

```
                    }
return(m);
    }
    void Motor_Forward(void)              //初始化时为正向运动
{//unsigned char a;
 //for(a=0;a<20;a++)
    P2=0x09;
    delay(m);
    P2=0x03;
    delay(m);
    P2=0x06;
    delay(m);
    P2=0x0c;
    delay(m);


}
void Motor_Backward(void)                //反转运动
{//unsigned char a;
 //for(a=0;a<20;a++)
    P2=0x0c;
    delay(m);
    P2=0x06;
    delay(m);
    P2=0x03;
    delay(m);
    P2=0x09;
    delay(m);


}


void CKeyHandler(void)
{    //ff: P0=0xff;
      if(0==K_1)              //K1 闭合
        { DELAY10(10); //调用延时子程序
          if(0==K_1
            { while(0==K_1);
      zenzuan: Motor_Forward(   );
              if(0==K_2)              //K2 闭合
                { DELAY10(10); //调用延时子程序
                  if(0==K_2)
                    { while(0==K_2);
                      goto fanzuan;//转反转
                    }
                  }
```

```
            jiasu();goto zenzuan;
            jiansu();goto zenzuan;
          }
        }//正转完成

    if(0==K_2)          //K2 闭合
      { DELAY10(10); //调用延时子程序
        if(0==K_2)
          { while(0==K_2);
fanzuan：Motor_Backward(   );
            if(0==K_1)          //K1 闭合
              { DELAY10(10); //调用延时子程序
                if(0==K_1)
                  { while(0==K_1);
                    goto zenzuan;//转正转

                  }
                }
                jiasu();goto fanzuan;
            jiansu();goto fanzuan;
          }
        }//反转完成
    }
//————————————————————————————————————————————————————
// 主函数
//————————————————————————————————————————————————————
void main()
{   unsigned char ww;

    jian：P0=0xff;
          ww=P0;
      if(ww==0xff)
          {Motor_Forward();
          goto jian;

          }

          CKeyHandler();

}
```

3. 将控制程序烧录到单片机

本任务依旧采用的是 Easy 51Pro 软件进行烧录操作，请参考 1.1.2、1.1.3 进行。

4. 操作、观察并记录实验板效果

（1）线路连接好后，当单片机最小系统通电时电动机开始以一定的转速正转（即顺时针方向），这是因为电动机控制系统默认电动机初始的转向为正转。

（2）按 K1 键：完成一次 K1 键的按键动作（即按下并放开按键），步进电动机正转。

（3）按 K2 键：按一次 K2 键，电动机反转（即逆时针方向）。

（4）按 K3 键：按一次 K3 键，电动机的转速增加一定幅度，且每按一次电动机的转速都会增加一次，直到按 K3 键 5 次后，电动机的转速达到最大，不再加速，即 K3 键为加速键。

（5）按 K4 键：当电动机以最大的转速转动时，每按一次 K4 键，电动机的转速都会下降一定的幅度，直到按 K4 键 5 次后，电动机的转速不再减小，即 K4 键为减速键。

4.1.2　步进电动机的驱动控制

4.1.2.1　步进电动机控制器原理图

如图 4-1 所示为本任务的步进电动机控制器原理图。图中三态输出的 8 组缓冲器和总线驱动器 74LS244、ULN2003A 组成了步进电动机的驱动电路，按键 K1～K4 为电动机运行控制键，采用的步进电动机型号为 PM25S-024-10。

4.1.2.2　步进电动机的及其控制原理

1. 步进电动机的特点

步进电动机是一种将脉冲信号变换成相应角位移或线位移的数字控制电动机，属于较为特殊的电动机。

普通电动机都是连续转动的，而步进电动机则有定位和运转两种基本状态。当有脉冲输入时，步进电动机将跟随脉冲一步一步地转动，每给它一个脉冲信号，它就转动一定的角度（即步距角），其所带动的机械传动机构就移动一小段距离，因此它又被称为脉冲电动机。

步进电动机的直线位移或角位移的多少与脉冲个数成正比，转速与脉冲频率成正比，通过改变单片机发送的脉冲频率即可调节电动机的转速，所以只要控制输入脉冲的数量、频率及电动机绕组通过的相序，就能方便地获得所需的转角、位移、转速及转动的方向。步进电动机调速范围广，输出转角容易控制，且输出精度高，被广泛用于开环控制系统中。

2. 步进电动机的类型

步进电动机可分为以下三类：

（1）反应式步进电动机（Variable Reluctance，VR）。反应式步进电动机的转子由软磁材料制成，转子中没有绕组。它的结构简单、成本低、步距角可以做得很小，但动态性能较差。

（2）永磁式步进电动机（Permanent Magent，PM）。永磁式步进电动机的转子是用永磁材料制成的，转子本身就是一个磁源。它的输出转矩大、动态性能好。转子的极数与定子的极数相同，所以步距角一般较大。需供给正负脉冲信号。

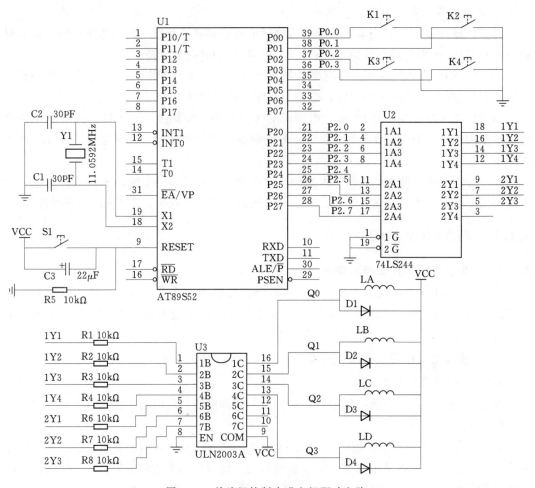

图 4-1 单片机控制步进电机驱动电路

（3）混合式步进电动机（Hybrid，HB）。混合式步进电动机综合了反应式和永磁式两者的优点，它的输出转矩大、动态性能好、步矩角小，但结构复杂，成本较高。

由于反应式步进电动机的性能价格比比较高，因此这种步进电动机应用得非常广泛，在单片机系统中尤其大量使用。本课题选用这种步进电动机来学习单片机控制步进电动机的原理和方法。

3. 单片机控制步进电动机原理

步进电动机的驱动电路根据控制信号（即脉冲信号）工作。在步进电动机的单片机控制中，脉冲信号由单片机产生，无需采用硬件脉冲分配器。下面介绍单片机的基本控制作用。

（1）控制换相顺序。步进电动机的通电换相顺序严格按照步进电动机的工作方式进行。通常我们把通电换相这一过程称为脉冲分配。例如，四相步进电动机的单四拍工作方式，其各相通电的顺序为 A - B - C - D，通电控制脉冲必须严格按照这一顺序分别控制 A、B、C、D 的通电和断电。

（2）控制步进电动机的转向。对于步进电动机来说，如果按给定的工作方式正序通电换相，步进电动机就正转；如果按反序通电换相，则电动机就反转。例如，四相步进电动机工作在单四拍方式，通电换相的正序是 A – B – C – D；如果按反序 D – C – B – A，电动机则反转。此时，如果将 P2.0、P2.1、P2.2、P2.3 口发出的脉冲信号经驱动放大电路放大后分别送至步进电动机的 A、B、C、D 四相绕组控制端，当 P2 口输出代码为 01H 时，A 相通电，B、C、D 相不通电；当 P2 口输出代码为 02H 时，B 相通电，A、C、D 相不通电。如果先输出 01H 控制代码，延时一段时间 T 后，再输出 02H。依此类推，按 01H – 02H – 04H – 08H 顺序分别输出四组控制信号代码，然后再按此顺序循环输出同一组代码，电动机就可按这一确定的旋转方向正转；若将控制代码的发送顺序改为 08H – 04H – 02H – 01H，电动机就反转。

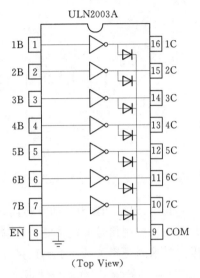

图 4 – 2　ULN2003A 的引脚示意图

（3）控制步进电动机的速度。如果给电动机发一个控制脉冲它就转一步，再发一个脉冲它就再转一步。两个脉冲的间隔越短，步进电动机就转得越快。因此，脉冲的频率决定了步进电动机的转速。调整单片机发出脉冲的频率，就可以对步进电动机进行调速。

驱动步进电动机多采用专用的集成驱动电路，ULN2003A 就是步进电机集成驱动电路中的一种。ULN2003A 是高耐压、大电流达林顿陈列，由 7 个硅 NPN 达林顿管组成。

该电路的特点：ULN2003A 的每一对达林顿都串联一个 2.7kΩ 的基极电阻，在 5V 的工作电压下它能与 TTL 和 CMOS 电路直接相连，可以直接处理原先需要标准逻辑缓冲器来处理的数据。

ULN2003A 工作电压高，工作电流大，灌电流可达 500mA，并且能够在关态时承受 50V 的电压，输出还可以在高负载电流并行运行，其引脚如图 4 – 2 所示，其中 ULN2003A 的引脚功能见表 4 – 1。

表 4 – 1　　　　　　　　　　　　　ULN2003A 引 脚 功 能

引出端序号	符　号	功　　能	引出端序号	符　号	功　　能
1	1B	输入	9	COM	公共端
2	2B	输入	10	7C	输出
3	3B	输入	11	6C	输出
4	4B	输入	12	5C	输出
5	5B	输入	13	4C	输出
6	6B	输入	14	3C	输出
7	7B	输入	15	2C	输出
8	E	发射极	16	1C	输出

用 ULN2003A 驱动步进电动机时，在 +5V 的工作电压下，单片机的 P2.0～P2.6 通过 74LS244 分别接 ULN2003A 的 7 个输入端，再用 ULN2003A 的 4 个输出端控制步进电动机的 4 个相控制端。

4.1.2.3 直流电动机驱动

小功率直流电动机的驱动一般也采用集成驱动芯片。如集成驱动芯片 LG9110 就常用来作为直流电动机的驱动电路，其引脚和功能如图 4-3 所示。

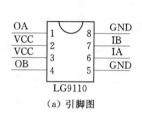

序号	符号	功能
1	OA	A 路输出管脚
2	VCC	电源电压
3	VCC	电源电压
4	OB	B 路输出管脚
5	GND	地线
6	IA	A 路输入管脚
7	IB	B 路输入管脚
8	GND	地线

（a）引脚图　　　　　（b）引脚说明

图 4-3　LG9110 集成驱动芯片引脚及功能

其中，IA、IB 为电动机转向控制信号输入端；OA、OB 为驱动电动机功率输出端。改变输入控制信号的逻辑电平，输出电平也相应改变，从而达到控制电动机正、反转的作用。电平的逻辑关系及引脚连接方法如图 4-4 所示。

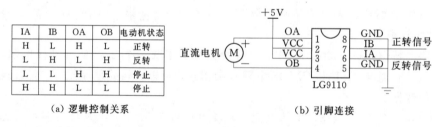

IA	IB	OA	OB	电动机状态
H	L	H	L	正转
L	H	L	H	反转
L	L	H	H	停止
H	H	L	L	停止

（a）逻辑控制关系　　　　　（b）引脚连接

图 4-4　LG9110 集成驱动芯片逻辑控制关系及引脚连接示意图

4.1.3　步进电动机控制源程序分析

1. 编程说明

编程的设计思路为：系统启动后电动机以顺时针方向第 1 档运转，然后根据控制按键状态的查询结果，调用对应的电动机运转控制子程序。例如，当查询到 K1 键按下时，调用电动机反转控制子程序，通过 P2 口依次送出 03H、06H、0CH、09H 步进电动机正转控制代码；当查询到 K2 键按下时，调用电动机反转控制子程序，通过 P2 口依次送出 09H、0CH、06H、03H 步进电动机反转控制代码；当查询到 K3 键按下时，减小电动机的换相时间，使电动机加速；当查询到 K4 键按下时，延长电动机的换相时间，使电动机减速。

2. 流程图

程序参考流程图如图 4-5 所示。

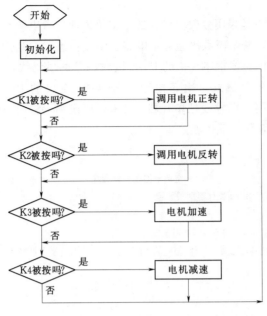

图 4-5　程序流程图

任务 4.2　空调机温度控制系统

知识目标	单片机的 I/O 口应用、DS18B20 的控制原理、DS18B20 控制程序的设计
技能目标	DS18B20 电路的连接、数码管显示电路的接线、蜂鸣器报警电路的连接、万用表测试元器件或电路的方法
使用设备	单片机最小系统（主机模块）、DS18B20 电路、万用表、导线、PC
实训要求	利用主机模块控制 DS18B20 实验板的 DS18B20，实现实时环境温度的同步显示，以及上、下限温度分别设置及超温、欠温的声光报警控制
实训拓展	修改程序实现用按键设置温度上、下限值，并在显示当前环境温度的同时显示设置好的温度值，并且调整设定温度值时能实时显示
实训报告	报告的格式和主要内容见附录，同时注意对实训拓展作较详细的说明

4.2.1　空调机温度控制系统操作指导

　　空调作为一种环境温度自动调节的机电设备，无论是在日常生活中，还是在工业生产中都已普遍使用，它同时也是一种典型的机电一体化产品。本任务中的空调温度控制系统是一个相对简单的空调模拟系统，从该任务的学习中了解一般空调的温度控制原理，从而理解空调温度控制系统的一般设计方法。

1. 连线

在电路的实际设计中是采用分模块设计的。主机模块包含电源开关、复位开关、声光报警元器件；显示模块包含共阳极数码管显示电路、温度传感器 DS18B20、控制键。因此在实际连接时要用一根 8 线的排线把单片机的 P0 口接数码管的段码线，用一根 8 线的排线把单片机的 P2 口接数码管的位选线，用 5 根导线分别把 P1 口的 P1.3、P1.4、P1.5、P1.6、P1.7 连接到 K1～K5，用 1 根导线把单片机的 P3.3 口连到 DS18B20 的 DQ 引脚。

2. 使用 Keil C51 编写、编译程序

参考程序如下：

```
——————————————————空调机温度控制程序——————————————————
//名称:用数码管与 DS18B20 设计温度报警器
//——————————————————————————————————————————————————
//说明:本例将报警温度设为高温 70,低温－20
//DS18B20 感知到温度达到此临界值时相应的 LED 闪烁,同时系统发出报警声
//——————————————————————————————————————————————————
#include<reg51.h>
#include<intrins.h>
#define uchar unsigned char
#define uint unsigned int
sbit DQ=P3^3;
sbit BEEP=P3^7;
sbit HI_LED=P3.6;               //电路中接 LED
sbit LO_LED=P3.7;               //电路中接蜂鸣器
//共阳数码管段码段选码
uchar code DSY_CODE[ ]=
{0x03,0x9F,0x25,0x0D,0x99,0x49,0x41,0x1F,0x01,0x09,0x0FF};
//温度小数位对照表
unchar code df_table[ ]={0,1,1,2,3,3,4,4,5,6,6,7,8,8,9,9};
//——————————————————————————————————————————————————
//报警温度上、下限,为进行正负数比较,此处注意设为 char 类型
//取值范围为－128～＋127,DS18B20 支持范围为－50～＋125
//——————————————————————————————————————————————————
    Char Alarm_Temp_HL[2]=(70,-20);
//——————————————————————————————————————————————————
uchar current=0;               //当前读取的温度整数部分
uchar temp_value[]=(0x00,0x00);    //从 DS18B20 读取的温度值
uchar Display_Digit[ ]=(0,0,0,)    //待显示的各温度数位
bit HI_Alarm=0,LO=Alarm=0;         //高低温报警标志
bit DS18B20_IS_OK=1;               //传感器正常标志
uint time0_Count=0;                //定时器延时累加
//——————————————————————————————————————————//延时
//——————————————————————————————————————————————————
void delay(uint x)
```

```
{
    while(－－x);
}
//－－－－－－－－－－－－－－－－－－－－－－－－－－－－－－－
//初始化 DS18B20
//－－－－－－－－－－－－－－－－－－－－－－－－－－－－－－－
uchar Init_DS18B20( )
{
    uchar status;
DQ=1;delay(8);
DQ=0;delay(90);
DQ=1;delay(8);
Status=DQ;
delay(100);
DQ=1;
Return status;                         //初始化成功时返回 0
}
//－－－－－－－－－－－－－－－－－－－－－－－－－－－－－－－
//读一字节
//－－－－－－－－－－－－－－－－－－－－－－－－－－－－－－－
uchar readonebyte( )
{
    uchar I,dat=0;
DQ=1;_nop_( );
for(i=0;i<8;i++)
    {
    DQ=0;dat≫=1;DQ=1;_nop_( );_nop_( );
        if (DQ) dat |=0x80;delay(30);DQ=1;
}
return dat;
}
//－－－－－－－－－－－－－－－－－－－－－－－－－－－－－－－
//写一字节
//－－－－－－－－－－－－－－－－－－－－－－－－－－－－－－－
void writeonebyte(uchar dat)
{
    uchar i;
    for (i=0;i<8;i++)
{
DQ=0;DQ=dat & 0x01;delay(5);DQ=1; dat≫=1;
}
}
//－－－－－－－－－－
//读取温度值
```

```
//————————————————————————————————————————
void read_temperature( )
{
    if(Init_DS08B20( )==1)      //DS18B20 故障
else
{
wirieonebyte(0xCC);            //跳过序列号
wirieonebyte(0x44);            //启动温度转换
Init_DS18B20( );
wirieonebyte(0xCC);                //跳过序列号
wirieonebyte(0xBE);                //启动温度转换
temp_value[0]=ReadoneByte( );      //温度低 8 位
temp_value[1]=ReadoneByte( );      //温度高 8 位
Alarm_Temp_HL[0]=ReadOneByte( ); //报警温度 TH
Alarm_Temp_HL[1]=ReadOneByte( ); //报警温度 TL
DS18B20_IS_OK=1;
}
}
//————————————————————————————————————————
//设置 DS18B20 温度报警值
//————————————————————————————————————————
void set_alarm_temp_value( )
{
Init_DS18B20( );
writeonebyte(0xCC);                //跳过序列号
writeonebyte(0x4E);     //将设定的温度报警值写入 DS18B20
writeonebyte(Alarm_temp_HL[0];     //写 TH
wirteonebyte(alarm_temp_HL[1];     //写 TL
writeonebyte(0x7F);                //12 位精度
Init_DS18B20( );
writeonebyte(0xCC);                //跳过序列号
writeonebyte(0x48);     //将设定的温度报警值存入 DS18B20
}
//————————————————————————————————————————
//在数码管上显示温度值
//————————————————————————————————————————
void Display_temperature( )
{
uchar I;
uchar t=150;            //延时值
uchar ng=0,np=0;        //负数标识及负号显示位置
char signed_current_temp;    //注意类型为 char
//如果为负数则取反加 1,并设置负号标识及负号显示位置
if ( (temp_value[1] & 0xF8)==0xF8)
```

```
{
  temp_value[1]＝～ temp_value[1];
temp_value[0]＝ ～ temp_value[0]＋1;
if (temp_value[0]＝＝0x00) temp_value[1]＋＋;
ng＝1;np＝oxFD;                //默认负号显示在左边第 2 位
}
//查表得到温度的小数部分
Display digit[0]＝df_table[ temp_value[0] & 0x0F];
//获取温度的整数部分(无符号)
Current＝((temp_value[0] & 0xF0)≫4)｜((temp_value[1] & 0x07) ≪4);
//有符号的当前温度值,注意定义主 char,其值可为-128～+127
Signed_current_temp＝ng? －currenT ：currenT;
//高低温报警标志设置
//(与定义为 char 类型 Alarm_temp_HL 比较,这样可区分正负比较)
HI_Alarm ＝ signed_current_temp＞＝Alarm_temp_HL[0] ? 1:0;
LO_Alarm＝signed_current_temp＜＝Alarm_temp_HL[1] ? 1:1;
//将整数部分分解为三位待显示数字
Display_digit[3]＝current/100;
Display_digit[2]＝current ％100/10;
Display_digit[1]＝current ％10;
if(Display_digit[3]＝＝0)                //高位为 0 则不显示
{
Display_digit[3]＝ 10;
np＝0xFB;                          //调整负号位置
if(Display_digit[2]＝＝0)
{
Display_digit[2]＝ 10;
np＝0xF7;                          //调整负号位置
  }
}
//刷新显示若干时间
for (i＝0;i＜30;i＋＋)
{
P0＝0x39;P2＝0x7F;delay(t);P2＝0xFF;      //显示 C
P0＝0x63;P2＝0xBF;delay(t);P2＝0xFF;      //显示°
P0＝DSY_Code[display_digit[0]];          //小数位
P2＝0xDF; delay(t);P2＝0xFF;
P0＝(DSY_Code[display_digit[0]])｜0x80;   //个位及小数点
P2＝0xEF; delay(t); P2＝0xFF;
P0＝(DSY_Code[display_digit[2]];         //十位
P2＝0xF7; delay(t); P2＝0xFF;
P0＝(DSY_Code[display_digit[3]];         //百位
P2＝0xFB; delay(t); P2＝0xFF;
if(ng)                                  //如果为负则在调整后的位置显示"－"
```

```
{
  P0=0x40; P2=np; Delay(t); P2=0xFF;
}
}
}
//-------------------------------------------------------
//定时器中断,控制报警声音
//-------------------------------------------------------
void t0_int( ) interrupt 1
{
THO=-1000/256;
TL0=-1000%256
BEEP =! BEEP;
if(++time0_conut ==400)
{
 time0_count=0;
if (HI_Alarm) HI_LED =~HI_LED; else HI_LED=1;
if (LO_Alarm) LO_LED =~LO_LED; else LO_LED=1;
}
}
//-------------------------------------------------------
//主程序
//-------------------------------------------------------
void main(void)
{
IE=0x82;
TMOD=0x01;
THO=-1000/256;
TI0=-1000%256;
TR0=0;
HI_LED=1;
LO_LED=1;
set_alarm_temp_value( );
read_temperature( );
delay(50000);
delay(50000);
while (1)
{
read_temperature( );
if (ds18B20_is_ok)
{
if (HI_alarm==1 || LO_Alarm==1) tr0=1;
else tr0=0;
Display_temperature( );
```

```
    }
    esle
    {P0＝P2＝0x00;
    }
  }
}
```

3. 将控制程序烧录到单片机

本任务依旧采用的是 Easy 51Pro 软件进行烧录操作，请参考 1.1.2、1.1.3 进行。

4. 操作、观察并记录实验板效果

（1）线路连接好后，当给系统通电后数码管将显示当前的环境温度值。

（2）如果环境温度超过 70℃，则系统会发出高温报警。

（3）如果环境温度低于－20℃，则系统会发出低温报警。

4.2.2　空调机温度控制系统

1. 空调机温度控制系统原理图

图 4-6 为本任务的空调机温度控制原理图。该温度控制系统电路由单片机系统电路、DS18B20 测温电路、键盘模块电路、数码管显示电路、空调机制冷/制热控制电路及系统复位电路等组成。

2. 系统组成

空调机温度控制系统由主控单元即 AT89S52 控制系统，键盘操作模块，测温模块，制冷控制模块和制热控制模块等主要部分组成。

3. 温度传感器的介绍及控制原理

在该系统的测温模块中，温度传感器是核心元件。常用的温度传感器有热敏电阻、铂电阻、铜电阻、热电偶、数字式集成传感器等。本任务选择易于和单片机接口的数字集成温度传感器 DS18B20。它是将传感元件与转换电路集成在一起的单线数字温度传感器，可输出 9～12 位的数字信号，无需 A/D 转换，仅用一根口线即可与单片机连接。其测量温度范围为（－55～＋125）℃，在（－10～＋85）℃范围内精度为±0.5℃。

（1）DS18B20 与单片机的接口。如图 4-6 所示，将 DS18B20 的引脚 2 接单片机的P3.3 端，单片机从 DS18B20 读出或写入数据仅需一根口线。当 DS18B20 处于写存储器操作和温度 A/D 转换操作时，为提供足够的电流，需要在数据线上接一个 4.7kΩ 左右的上拉电阻，其他两个引脚分别接电源地。用 P1.4 口把空调设定为制冷模式，用 P1.5 口把空调设定为制热模式，用 P1.6 口停止空调，用 P1.7 口启动空调。

（2）DS18B20 的编程步骤。DS18B20 是可编程器件，在使用时必须经过以下三个步骤：初始化、写操作、读操作。每一次读写操作之前都要先将 DS18B20 初始化复位，复位成功后才能对 DS18B20 进行预定的操作，三个步骤缺一不可。在编写相应的应用程序时，必须预先掌握 DS18B20 的通信协议和时序控制要求。

（3）温度控制系统原理。为了模拟实际使用的工作情形，在系统中把空调制热时的温度设定为 70℃，而制冷设定为－20℃。空调机温度控制系统的工作原理是当系统通电后即

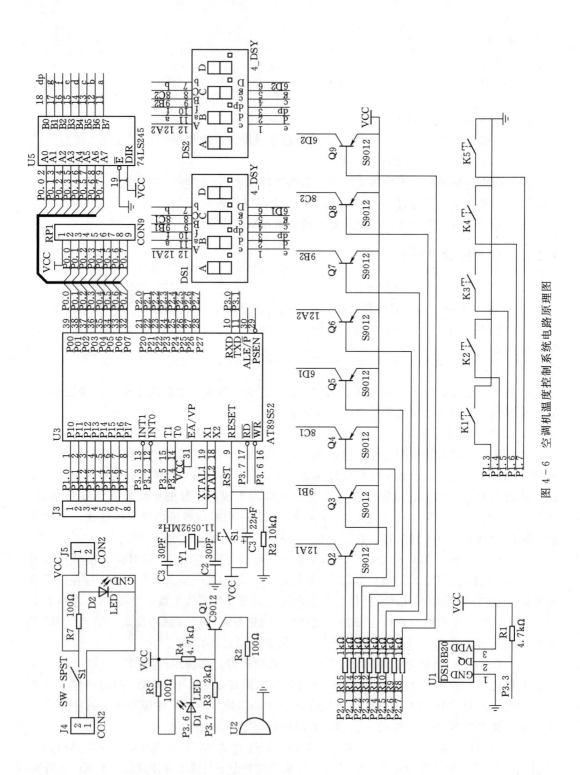

图 4 - 6 空调机温度控制系统电路原理图

开始工作，同时显示当前的环境温度值。

4.2.3　空调机温控系统源程序分析

1. 编程说明

编制程序的主要功能是：当系统通电后系统开始工作，并实时显示当前环境的温度。当空调通电启动后，空调机的温控系统能自动实现对室内环境温度的调节。

2. 理解流程图

程序参考流程图如图 4 - 7 所示。

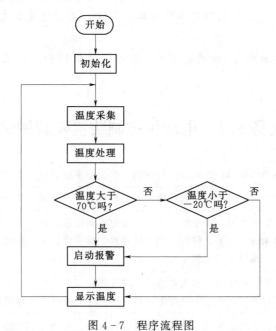

图 4 - 7　程序流程图

项目 5　常用低压电器应用

【教学目标要求】

知识目标：熟悉常用低压电器的结构原理、用途、图形符号和文字符号，了解其型号规格并能正确使用。

技能目标：熟练掌握继电-接触器控制电路的安装步骤和工艺要求，掌握用万用表检测控制电路的方法。

任务 5.1　电动机控制装置安装调试

知识目标	理解相关低压电器的结构及工作原理，学会分析电动机点动正转控制线路和器件布置
技能目标	熟悉三相异步电机点动控制线路的安装步骤和工艺要求，掌握用万用表检测控制电路
使用设备	仪具：一字螺丝刀、十字螺丝刀、尖嘴钳、剥线钳、电工刀、万用表及导线若干等 器材：熔断器、开关、按钮、交流接触器、端子排、安装用控制板等 电动机：三相异步电动机 1 台
实训要求	选用合适的低压电器及相关器件，实现三相异步电动机的点动控制。控制电路的功能为：按下控制按钮，电动机就得电运转；松开控制按钮，电动机就失电停转
实训拓展	装调电动机连续运转控制装置。注意分析电动机点动控制电路与电动机连续运转控制电路的异同
实训报告	报告的格式和主要内容见附录，同时注意对实训拓展作较详细的说明

5.1.1　电动机点动控制电路的安装调试

1. 训练要求

（1）能正确识别、选用刀开关、按钮、接触器和熔断器。

（2）能正确安装和使用刀开关、按钮、接触器、熔断器实现点动控制电路。

2. 操作注意事项

不允许带电安装元器件或连接导线，断开电源后才能进行接线操作。通电检查和运行时必须通知指导教师，在有指导教师现场监护的情况下才能接通电源。

3. 电动机点动控制电气工作原理

电动机点动正转控制装置如图 5-1 所示。

图 5-1（a）为电气原理图，电路的工作原理如下（先合上电源开关 QS）：

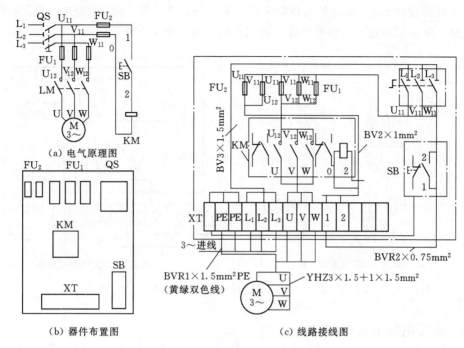

（a）电气原理图　　（b）器件布置图　　（c）线路接线图

图 5-1　电动机点动正转控制装置

（1）启动控制。按下按钮 SB—KM 线圈得电、主触头 LM 闭合—电动机 M 启动运转。

（2）停止控制。松开按钮 SB—KM 线圈失电、主触头 LM 分断—电动机 M 失电停转。

停止使用时，断开电源开关 QS。

为了实现短路保护和严重过载保护，设置了熔断器 FU_1 和 FU_2。

4．安装与操作步骤

（1）检查器件的好坏及器件触头的通和断情况是否良好。

（2）参考图 5-1（b）所示的点动正转器件布置图，在安装控制板上合理摆放所用到的元器件，可贴上元器件文字符号，并用自攻螺钉固定好各元器件。

（3）参考图 5-1（c）所示的线路接线图，根据电气线路布线的要求，结合原理图正确地进行电动机点动正转控制线路的安装布线。

（4）安装布线完毕后，结合电路工作原理按要求认真进行安装线路的检查。必须确保接线正确无错误。

（5）在老师检查合格后，在老师的指导监护下进行通电试车，仔细观察工作情况。若有故障，断电后自己独立排查。如果需要带电排查，必须有老师在旁边监护。

（6）通电试车确认正确无误后，断开电源，拆除实训安装线路。整理、回放实训用的器件和工具等。

5．电动机连续运转控制装置

电动机连续运转装置如图 5-2 所示。当合上电源开关 QS 后，控制电源就接通了，

此时按下启动按钮 SB_1，电动机就得电正转起来；当松开手后，由于在按钮 SB_1 处并接有触头 KM，故在 SB_1 断开后继电器线圈仍然有电，电动机仍然能得电保持正转。

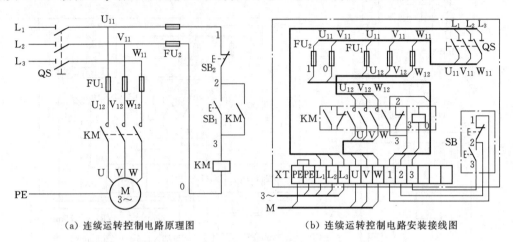

（a）连续运转控制电路原理图　　　　（b）连续运转控制电路安装接线图

图 5-2　电动机连续运转控制电路

5.1.2　低压电器的基础知识

低压电器通常是指在交流 1200V 及以下、直流 1500V 及以下电路中使用的电器。它能够根据外界施加的信号和要求，通过手动或自动方式，断续或连续地改变电路参数，以实现对电路或非电对象的切换、控制、检测、保护、变换和调节。

5.1.2.1　低压电器的分类

低压电器的品种规格繁多、构造各异，可从以下几个方面加以分类。

1. 按电器元器件所在的系统分类

可以分为低压配电电器和低压控制电器两类。

（1）低压配电电器主要是在低压电网或动力装置中，对电路和设备进行保护及通断、转换电源或负载的电器。如熔断器、刀开关等。

（2）低压控制电器主要是用于低压电力拖动系统中，对电动机的运行进行控制、调节、检测和保护的电器，如接触器、主令按钮等。

2. 按电器动作的原理分类

可以分为手动电器和自动电器两类。

（1）手动电器是由人为操作发出动作指令，如刀开关、按钮等。

（2）自动电器是由电磁吸力使电器自动完成动作指令，如接触器、继电器、电磁阀等。

3. 按电器在系统中的作用分类

可以分为控制电器、检测电器、运算电器、保护电器和执行电器。

（1）控制电器是用于各种控制电路和控制系统中的电器，如接触器、继电器等。

（2）检测电器是用于系统中反馈各种信号以及发出各种信号的电器，如电磁感应器、行程开关等。

（3）运算电器是用于把各种信号根据需要进行转换的电器，如中间继电器等。

（4）保护电器是用于对电路、系统、设备及人身安全起保护作用的电器，如漏电保护器、熔断器、热继电器等。

（5）执行电器是用于执行整个电路或系统要求动作的电器，如电磁阀、电磁离合器等。

5.1.2.2　低压电器的基本结构和工作原理

从结构上看，低压电器一般都具有两个基本部分，即感测部分和执行部分。感测部分大多是电磁机构，执行部分一般是触头。电磁执行机构在常用低压电器中应用极为普遍，很多自动控制的电器中都应用了电磁执行机构，如接触器、电磁继电器、电磁离合器、电磁阀等。电磁执行机构主要由电磁机构、触头系统和灭弧系统三部分组成，并根据电磁感应原理工作。

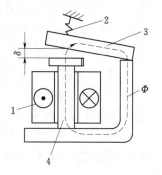

图 5 - 3　电磁机构工作
原理示意图
1—线圈；2—弹簧；
3—衔铁；4—铁芯

1. 电磁机构的工作原理

电磁机构由衔铁、铁芯和电磁线圈三部分组成，其作用是将电磁能转换成机械能，产生电磁吸力带动触头动作，其工作原理如图 5 - 3 所示。当吸引线圈 1 通入电流后，产生磁场，其磁通通过铁芯 4、衔铁 3 和工作气隙形成闭合回路，产生电磁吸引力，将衔铁吸向铁芯，由于衔铁受到反作用力弹簧 2 的拉力，所以只有当电磁吸引力大于弹簧反力时，衔铁才可靠地被铁芯吸住。当断开线圈电流时，电磁力消失，在弹簧反力的作用下，衔铁便离开铁芯。

2. 电磁机构的分类

电磁机构按照衔铁运动方式来分，其结构形式多种多样，如图 5 - 4 所示。

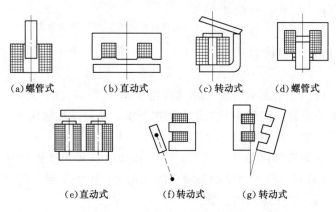

（a）螺管式　　（b）直动式　　（c）转动式　　（d）螺管式

（e）直动式　　（f）转动式　　（g）转动式

图 5 - 4　电磁机构的结构形式

（1）直流电磁机构和交流电磁机构。根据通入吸引线圈电流类型的不同，电磁机构分为直流电磁机构和交流电磁机构。直流电磁机构吸引线圈通入的是直流电，在稳定状态下通过的磁通是恒定的，恒定的磁通在铁芯中没有磁滞和涡流损耗，铁芯不产生热量，只有线圈因铜损产生热量。因此，直流电磁机构的吸引线圈无骨架支撑，且做成细长形，以增加线圈和铁芯直接接触的面积，从而使线圈产后的热量通过铁芯散发出去。交流电磁机构由于通入的是交流电，铁芯中存在磁滞损耗和涡流损耗，线圈和铁芯都发热，所以交流电磁机构的吸引线圈设有骨架，使铁芯与线圈隔离。另外，将线圈制成短而厚的矮胖形，这样做有利于铁芯和线圈的散热。铁芯用硅钢片叠加而成，以减小涡流损耗。

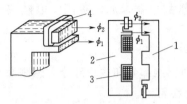

图 5-5 交流电磁铁的短路环

1—衔铁；2—铁芯；3—线圈；4—短路环

（2）短路环的作用。为了消除交流电磁铁产生的振动和噪声，在铁芯的端面开一小槽，在槽内嵌入铜制短路环，如图 5-5 所示。

3. 触头系统

触头系统是执行部件，用来实现电路的接通或断开，有闭合状态、分断过程、断开状态三种工作状态。触头还有常开和常闭两种状态。当电磁线圈未通电，即衔铁没有动作时，触头处于断开状态的称为常开触头，或称动合触头；反之，当衔铁没有动作时，触头处于闭合状态，当衔铁动作吸合后，触头处于断开状态的触头称为常闭触头，或称动断触头。

触头按其所控制的电路可以分为主触头和辅助触头。主触头用于接通或断开主电路，允许通过较大的电流；辅助触头用于接通或断开控制电路，只能通过较小的电流。

触头按其形状不同可以分为桥式触头和指型触头。

触头按其接触形式不同可以分为点接触、面接触、线接触三种形式，如图 5-6 所示。

（1）点接触。由两个半球形触头或一个半球形与一个平面形触头构成，如图 5-6（a）所示。常用的小电流电器如接触器的辅助触头等均是这种形式。

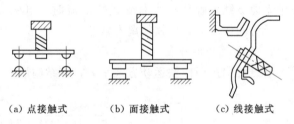

（a）点接触式　　（b）面接触式　　（c）线接触式

图 5-6 触头的结构形式

（2）面接触。由两个平面形的触头相结合构成如图 5-6（b）所示。因接触面积大，所以允许较大的电流通过。但触头易氧化，磨损严重，所以这种触头一般在接触表面上镶有合金。它多用于大容量接触器的主触头。

（3）线接触。它的接触区域是一条线，并且在接通、断开过程中有一个滚动的过程［图 5-6（c）］，这样可以自动清除触头表面的氧化物，保证了触头的良好接触。线接触多用于中容量的电器，如接触器的主触头。

4. 电弧与灭弧方法

动、静触头在分断过程中，由于瞬间的电荷密度极高，导致动、静触头间形成大量炽热的电荷流，产生弧光放电现象，即形成所谓的电弧。这种高温的电弧容易烧坏触头，降低其寿命，延迟电路切断时间，降低电器的工作可靠性，甚至可能导致事故。因此在触头断开的瞬间应采取措施迅速灭弧。

常用的灭弧方法有增大电弧长度、冷却弧柱、把电弧分成若干短弧等。灭弧装置就是根据这些原理设计的。

　　（1）电动力灭弧。电动力灭弧其原理如图 5-7 所示。这是一种桥式结构双断口触头，当触头打开时，在触点间产生电弧，电弧电流在两个电弧之间产生。磁场方向如图中标示的那样，根据左手定则，电弧电流要受到一个指向外侧的电动力 F 的作用，使电弧向外运动并拉长，迅速穿越冷却介质加快冷却后熄灭。这种方法多用于交流电器的灭弧。常用的灭弧罩装置就是利用这个方法实现灭弧的。灭弧罩多用耐弧陶土、石棉水泥或其他耐弧塑料制成，它可以分隔各路电弧，使电弧迅速冷却。

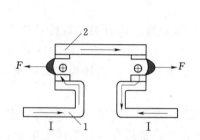

图 5-7　电动力灭弧示意图

1—静触头；2—动触头

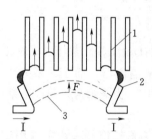

图 5-8　金属栅片灭弧原理图

1—灭弧栅片头；2—触头；3—电弧

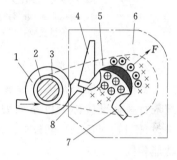

图 5-9　磁吹灭弧原理图

1—磁吹线圈；2—绝缘套；3—铁芯；4—引弧角；5—导磁夹板；6—灭弧罩；7—动触头；8—静触头

　　（2）金属栅片灭弧。金属栅片灭弧原理如图 5-8 所示，当触头断开时，产生的电弧在电动力的作用下被推入到一组金属栅片中，电弧被分割成很多段，栅片吸收电弧的热量，从而使电弧迅速冷却实现灭弧。这种原理应用于各种灭弧栅装置中，栅片由许多镀铜薄钢片组成，片间距为 2～3mm，安放在触头上方的灭弧罩内。它常用于交流电器中灭弧。

　　（3）磁吹灭弧。磁吹灭弧的原理如图 5-9 所示，在触头电路中串入一个磁吹线圈，当触头断开产生电弧时，电弧电流产生的磁通方向如图 5-9 中所示，由左手定则知，电弧电流要受到一个向上的电动力 F 作用，使电弧拉长冷却达到灭弧。这种灭弧方式是利用电流本身灭弧的，故电弧电流越大，灭弧也越强，所以广泛应用于直流电器中。

5.1.3　开关与控制按钮

5.1.3.1　刀开关

　　刀开关是一种结构简单，应用广泛的手动操作低压配电电器。主要用在低压成套配电装置中，作为不频繁地手动接通和分断交直流电路或隔离开关用。

　　1. 刀开关的结构

　　刀开关的典型结构如图 5-10 所示。它由手柄、触刀、静插座和底板组成。刀开关按级数可分为单极、双极和三极，如图 5-11 所示；按结构可分为平板式和条架式；按操作方式可分为：直接手柄操作式、杠杆操作机构式、旋转操作式和电动操作机构式；接刀开关转换方向分为单投和双投等。

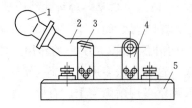

图 5-10 刀开关典型结构图

1—手柄；2—触刀；3—静插座；

4—铰链支座；5—绝缘底版

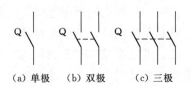

图 5-11 刀开关的电气符号

2. 常用的刀开关

目前常用的刀开关型号有 HD（单投）和 HS（双投）等系列。其中 HD 系列刀开关按现行新标准应称 HD 系列刀形隔离器，而 HS 系列为双投刀形转换开关。在 HD 系列中，HD11、HD12、HD13、HD14 为老型号，HD17 系列为新型号，产品结构基本相同，功能相同。

HD 系列刀开关、HS 系列刀形转换开关，主要用于交流 380V、50Hz 电力网络中作电源隔离或电流转换作用，是电力网络中必不可少的电器元件，常用在各种低压配电柜、配电箱、照明箱中。当电源接入，首先是接刀开关，之后再接熔断器、断路器、接触器等其他电器元件，以满足各种配电柜、配电箱的功能要求。当其以下的电器元件或电路中出现故障，切断电源就靠它来实现，以便对设备、电器元件的修理更换。HS 系列刀形转换开关，主要用于转换电源，即当一路电源不能供电，需要另一路电源供电时就由它来进行转换，当转换开关处于中间位置时，可以起到隔离作用。

刀开关的型号及含义如下：

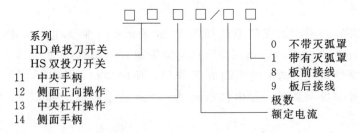

为了使用方便减少体积，在刀开关上安装熔丝或熔断器，组成兼有通断电路和保护作用的开关电器，如开启式刀开关、熔断器式刀开关等。

3. 开启式刀开关

如图 5-12（a）所示，开启式刀开关是在刀开关的基础上加装熔丝而成，胶盖为防止电弧飞出以及极间电弧短路而设，熔体起短路保护作用。其主要用于频率 50Hz、电压不大于 380V、电流不大于 60A 的电力电路中，用作电路的电源隔离开关和小容量电动机非频繁启动的操作开关。开启式刀开关常用的有 HK1、HK2 系列，有两极和三极两种。

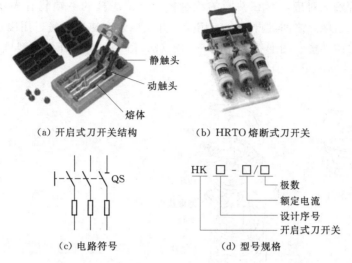

（a）开启式刀开关结构　　　　（b）HRTO 熔断式刀开关

（c）电路符号　　　　　　　（d）型号规格

图 5-12　刀开关的结构、电路符号和型号规格

4. 熔断器式刀开关

如图 5-12（b）所示，熔断式刀开关是由刀开关和熔断器组合而成的，具有熔断器和刀开关的基本性能。

熔断式刀开关用于交流频率 50Hz、电压低于 600V 的配电电路和电动机电路中，作电动机的保护和电源开关、隔离开关及应急开关，但一般不用于直接接通和分断单台电动机。常用的型号有 HR5、HR11 系列。HR5 熔断式刀开关中的熔断器为 NT 型低压高分断型熔断器。NT 型熔断器是我国从德国 AEG 公司引进的制造技术而生产的，其分断能力高达 100kA。HR5 型号产品可与国外同类产品替换。

HR5 系列的熔断器带有撞击器时，任一级熔断体熔断后，撞击弹出，通过横杆触动装在底板的微动开关发出信号或切断接触器的控制回路，以实现断相保护。

5. 刀开关的选用与安装

刀开关的额定电压应等于或大于电路额定电压，其额定电流应等于或稍大于电路工作电流。若用刀开关来控制电动机，则必须考虑电动机的启动电流比较大，应选用额定电流大一级的刀开关。

刀开关安装时，手柄要向上，不得倒装或平装。倒装时手柄有可能因自动下滑而引起误合闸，造成人身安全事故。接线时，应将电源线接在上端，负载接在熔丝下端。这样拉闸后刀开关与电源隔离，便于更换熔丝。

5.1.3.2　组合开关

组合开关又称为转换开关，它实质上也是一种特殊的刀开关，不同点在于一般的刀开关的操作手柄在垂直安装的平面内向上或向下转动，而组合开关的操作手柄则是在平行于安装面的平面内向左或向右转动。组合开关多用在机床电气控制线路中，作为电源的引入开关，也可以用做不频繁地接通和断开电路、换接电源和负载及控制 5kW 以下的小容量电动机正反转的星形、三角形启动等。组合开关的结构如图 5-13 所示。组合开关的内部有三对静触头，分别用三层绝缘板相隔，各自附有连接线路的接线柱。三个动触头互相绝缘,与各自的静触头对应,套在共同的绝缘杆上。绝缘杆的一端装有操作手柄,转动手柄,即可完成三组触点之间的开、合或切换。开关内装有速断弹簧,用以加速开关的分断速度。组合开关的外形、图形符号如图5-13(b)所示。组合开关的型号含义如图5-14所示。

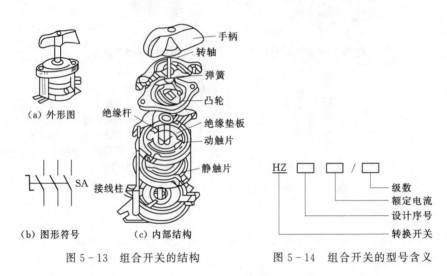

（a）外形图

SA 接线柱

（b）图形符号　（c）内部结构

手柄
转轴
弹簧
凸轮
绝缘杆
绝缘垫板
动触片
静触片

图5-13　组合开关的结构

HZ □□ / □

级数
额定电流
设计序号
转换开关

图5-14　组合开关的型号含义

5.1.3.3　控制按钮

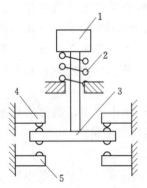

图5-15　控制按钮结构
示意图

1—按钮；2—弹簧；3—动触点；
4—动断触点；5—动合触点

控制按钮简称按钮,是一种结构简单、使用广泛的手动主令电器,在控制电路中做远距离手动控制电磁式电器用,也可以用来转换各种信号电路和电器互锁电路等。其结构如图5-15所示。它一般由按钮、复位弹簧、触点和外壳等部分组成。

控制按钮的工作原理很简单,当按下按钮时,先断开常闭触点,而后接通常开触点。按钮释放后,在复位弹簧作用下使触点复位。常用的按钮种类有LA2、LA18、LA19和LA20等系列,其型号含义及电气符号如图5-16所示。

控制按钮一般会做成单式(一个按钮)、复式(两个按钮)和三联式(三个按钮)的形式。为便于识别各个按钮的作用,避免误操作,通常在按钮上做出不同标志或涂以不同颜色,一般红色表示停止按钮,绿色或黑色表示启动按钮,黄色表示干预按钮等。

控制按钮按保护形成分有开启式、保护式、防水式和防腐式等。按结构形式可分为按钮式、紧急式、钥匙式、旋钮式和保护式五种,可根据使用场合和具体用途来选用。若将按钮的触点封闭于防爆装置中,还可构成防爆型按钮,适用于有爆炸危险、有轻微腐蚀性气体或蒸汽的环境以及雨、雪和滴水的场合。因此,在矿山及化工部门广泛使用防爆型控制按钮。

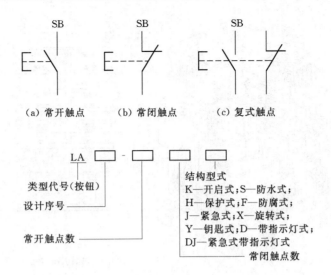

（a）常开触点　　（b）常闭触点　　（c）复式触点

（d）控制按钮的型号含义

图 5 - 16　控制按钮的型号含义和电气符号

5.1.4　交流接触器与熔断器

5.1.4.1　接触器

对于大容量的电动机、负载，或操作频繁的电路，或需要远距离操作和自动控制时，手动电器显然不能满足要求，必须采用自动电器。

接触器是一种自动控制电器，可用以频繁地接通和断开主电路（作用于被控对象如电动机的电路，它直接输出功率，且通过大电流），并具有低电压释放保护功能，能远距离控制。接触器是电力拖动自动控制系统中应用最为广泛的电器。接触器按其线圈通过电流种类不同，分为交流接触器（电压 AC）和直流接触器（电压 DC）。这里只介绍交流接触器。

1. 交流接触器的工作原理

接触器是利用电磁吸力与弹簧弹力配合动作，使触头闭合或分断的，以控制电路的通断。交流接触器的外形及结构如图 5 - 17 所示。

电磁式接触器的工作原理如下：线圈通电后，在铁芯中产生磁通及电磁吸力。此电磁吸力克服弹簧反力使得衔铁吸合，带动触点机构动作，常闭触点打开，常开触点闭合，互锁或接通线路。线圈失电或线圈两端电压显著降低时，电磁吸力小于弹簧反力，使得衔铁释放，触点机构复位，断开线路或解除互锁。

2. 交流接触器的结构

如图 5 - 17（a）所示，交流接触器由以下四部分组成：

（1）电磁机构。电磁机构由线圈、动铁芯（衔铁）和静铁芯组成，其作用是将电磁能转换成机械能，产生电磁吸力带动触点动作。

（2）触点系统。包括主触点和辅助触点。主触点用于通断主电路，通常为三对常开触

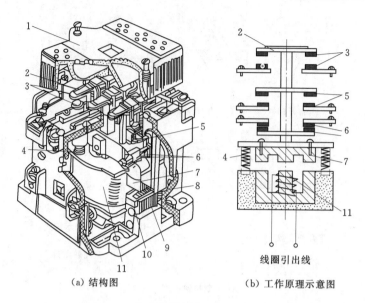

图 5-17 交流接触器外形和结构示意图

1—灭弧罩；2—触点压力弹簧片；3—主触点；4—反作用弹簧；5—辅助常闭触点；6—辅助
常开触点；7—动铁芯；8—缓冲弹簧；9—静铁芯；10—短路环；11—线圈

点。辅助触点用于控制电路，起电气联锁作用，故又称联锁触点，一般常开、常闭各两对。

（3）灭弧装置。容量在10A以上的接触器都有灭弧装置，对于小容量的接触器，常采用双断口触点灭弧、电动力灭弧、相间弧板隔弧及陶土灭弧罩灭弧。对于大容量的接触器，采用纵缝灭弧罩及栅片灭弧。

（4）其他部件。包括反作用弹簧、缓冲弹簧、触点压力弹簧、传动机构及外壳等。

3. 交流接触器的电路符号和型号含义

在绘制电气线路图的时候，为了方便绘制工作和便于理解，人们规定了接触器的电路符号形状，如图5-18（a）所示。此外，国家对于接触器此类低压控制电器已有统一的型号命名方式，其形式及型号各部分含义如图5-18（b）所示。

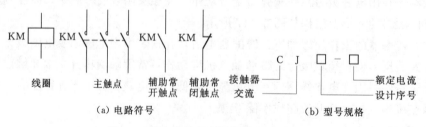

图 5-18 交流接触器的符号和型号规格

4. 接触器的选用

接触器的选用应根据电路的要求正确地选用。

（1）选择类型。根据所控制对象电流类型来选用交流或直流接触器。如控制系统中主要是交流对象，直流对象容量较小，也可全用交流接触器，但触头额定电流要选大些。

（2）选择触头的额定电压。通常触头的额定电压应大于或等于负载回路的额定电压。

（3）选择主触头的额定电流。主触头的额定电流应大于或等于负载的额定电流。若负载为电动机，其额定电流可按下式推算

$$I_N = \frac{P_N \times 10^3}{\sqrt{3} U_N \cos\varphi \cdot \eta} \qquad (5-1)$$

式中：I_N 为电动机额定电流，A；U_N 为电动机额定电压，V；P_N 为电动机额定功率，kW；η 为电动机效率。

当三相电动机额定电压为 220V 时，$I_N \approx 3.5 P_N$。并且在频繁启动、制动和频繁正反转的场合，主触头的额定电流可稍为降低。

（4）选择线圈电压。从人身及设备安全角度考虑，可选低一些，使控制电路简单，为了节省变压器，也可选用 380V。

（5）触头数量、种类。应满足控制电路要求。

5.1.4.2　熔断器

1. 熔断器的结构和分类

（1）熔断器的结构。熔断器在结构上主要由熔断管（或盖、座）、熔体及导电部件等部分组成，如图 5-19 所示。其中熔体是主要部分，它既是感测元件又是执行元件。熔断管一般由硬质纤维或瓷质绝缘材料制成半封闭式或封闭式管状外壳，熔体则装于其内。熔断管的作用是便于安装熔体和有利于熔体熔断时熄灭电弧。熔体（又称为熔件）是由不同金属材料（铅锡合金、锌、铜或银）制成丝状、带状、片状或笼状，它串接于被保护电路。熔断器的作用是当电路发生短路或过载故障时，通过熔体的电流使其发热，当达到熔化温度时熔体自行熔断，从而分断故障电路。显见，熔断器在电路中起过载和短路保护之用。

（2）熔断器的分类。熔断器的种类很多，按结构来分有半封闭插入式、螺旋式、无填料密封管式和有填料密封管式，它们的外形如图 5-19 所示。按用途来分有一般工业用熔断器、半导体器件保护用快速熔断器和特殊熔断器（如具有两段保护特性的快慢动作熔断器、自复式熔断器）。

2. 熔断器的主要参数

（1）额定电压。额定电压是指熔断器长期工作时和分断后能够承受的电压，其值一般等于或大于电器设备的额定电压。

（2）额定电流。额定电流指熔断器长期工作时，设备部件温升不超过规定值时熔断器所能承受的电流。厂家为了减少熔断管额定电流的规格，熔断管的额定电流等级比较少，而熔体的额定电流等级比较多，也即在一个额定电流等级的熔断管内可以分装几个额定电流等级的熔体，但熔体的额定电流最大不能超过熔断管的额定电流。

（3）极限分断能力。极限分断能力是指熔断器在规定的额定电压和功率因数（或时间常数）的条件下，能分断的最大电流值，在电路中出现的最大电流值一般是指短路电流

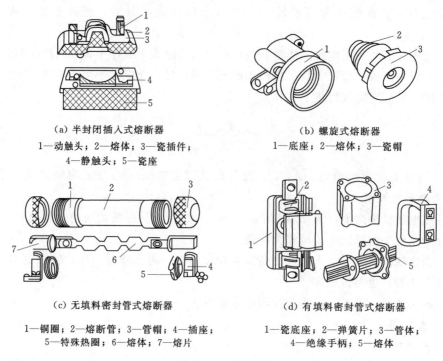

（a）半封闭插入式熔断器
1—动触头；2—熔体；3—瓷插件；
4—静触头；5—瓷座

（b）螺旋式熔断器
1—底座；2—熔体；3—瓷帽

（c）无填料密封管式熔断器
1—铜圈；2—熔断管；3—管帽；4—插座；
5—特殊热圈；6—熔体；7—熔片

（d）有填料密封管式熔断器
1—瓷底座；2—弹簧片；3—管体；
4—绝缘手柄；5—熔体

图 5-19 熔断器

值。所以，极限分断能力也是反映了熔断器分断短路电流的能力。

（4）熔断电流。熔断电流是指通过熔体并使其熔化的最小电流。熔断器型号的含义和电气符号如图 5-20 所示。

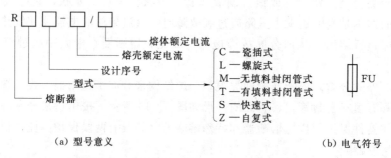

（a）型号意义

（b）电气符号

图 5-20 熔断器型号的含义和电气符号

3. 熔断器的类型选择

选择熔断器的类型时，主要依据负载的保护特性和短路电流的大小。

用于保护照明和电动机的熔断器，一般是考虑它们的过载保护，这时，希望熔断器的熔化系数适当小些，所以容量较小的照明线路和电动机宜采用熔体为铅锌合金的 RC1A 系列熔断器。

而大容量的照明线路和电动机，除过载保护外，还应考虑短路时的分断短路电流能力，若短路电流较小时，可采用熔体为锡质的 RC1A 系列或熔体为锌质的 RM10 系列熔断器。

用于车间低压供电线路的保护熔断器，一般是考虑短路时的分断能力，当短路电流较大时，宜采用具有高分断能力的 RL1 系列熔断器；当短路电流相当大时，宜采用有限流作用的 RT0 及 RT12 系列熔断器。

任务 5.2 三相异步电动机能耗制动及反接制动控制

知识目标	理解相关低压电器的结构及工作原理，学会分析电动机的能耗制动及反接制动控制线路和器件布置
技能目标	熟悉三相异步电机点动采用能耗制动的控制电路及接线方法，熟悉三相异步电动机采用反接制动的自动控制方法
使用设备	仪具：一字螺丝刀，十字螺丝刀，尖嘴钳，剥线钳，电工刀，万用表及导线若干等。器材：熔断器，热继电器，开关，按钮，交流接触器，时间继电器，速度继电器，滑线变阻器，直流电源，端子排，安装用控制板等 1 批；三相异步电动机 1 台
实训要求	选用合适的低压电器及相关器件，实现三相异步电动机的能耗制动及反接制动控制
实训拓展	参考图 5-21（b）的电机反接制动控制电路的设计，设计一个能实现三相异步电动正、反转方向都有反接制动的控制电路
实训报告	报告的格式和主要内容见附录，同时注意对实训拓展作较详细的说明

5.2.1 三相异步电动机能耗制动及反接制动控制操作

1. 训练要求

（1）正确识别和选用继电器、时间继电器、速度继电器、滑线变阻器。

（2）能正确利用继电器、时间继电器、速度继电器、滑线变阻器等器件，安装调试，实现三相交流异步电动机的能耗制动控制和反接制动控制。

2. 操作注意事项

不允许带电安装元器件或连接导线，断开电源后才能进行接线操作。通电检查和运行时必须通知指导教师，在有指导教师现场监护的情况下才能接通电源。

3. 电动机能耗制动及反接制动控制工作原理

电动机能耗制动及反接制动控制电气原理如图 5-21 所示，其电气控制原理如下：

（1）图 5-21（a）为时间继电器控制的能耗制动电路。图中 KT 为时间继电器，延时整定值按制动时间确定，控制电路工作过程是：合上开关 QS1 和 QS2，按下 SB2，KM1得电自锁，电动机 M 启动运行。当停车时，按下 SB1，KM1 失电，KM2 得电并自锁，同时 KT 也得电，电动机处制动状态，待 KT 延时时间到，KM2 和 KT 失电，制动结束。

（2）图 5-21（b）为速度继电器控制的反接制动电路。图中 SR 为速度继电器，控制电路的工作过程是：合上电源开关 QS，按下 SB2，按触器 KM1 得电并自锁，电动机 M启动运行，当转速升高后，速度继电器的常开触点 SR 闭合，为反接制动做好了准备。停车时，按下复合按钮 SB1，KM1 失电，同时 KM2 得电并自锁，电动机进行反接制动，当电动机转速降低到接近 0 时，速度继电器 SR 的常开触点断开，KM2 失电，制动结束。

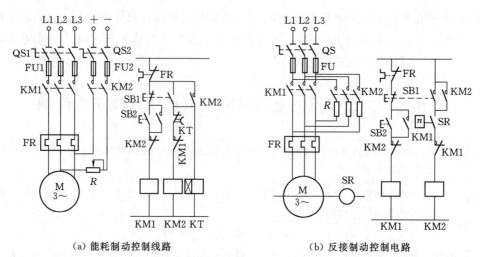

（a）能耗制动控制线路　　　　　　　　（b）反接制动控制电路

图 5-21　三相异步电动机能耗制动与反接制动控制电气原理图

4. 安装与操作步骤

（1）检查器件的好坏及器件触头的通和断情况是否良好。

（2）在安装控制板上合理摆放所用到的元器件，可贴上元器件文字符号，并用自攻螺钉固定好各元器件。

（3）根据电气线路布线的要求，结合原理图正确地进行电动机点动正转控制线路的安装布线。

（4）安装布线完毕后，结合电路工作原理按要求认真进行安装线路的检查。必须确保接线正确无错误。

（5）申请老师检查合格后，在老师的指导监护下进行通电试车，仔细观察工作情况。若有故障，断电后自己独立排查。如果需要带电排查，必须有老师在旁边监护。

（6）通电试车确认正确无错误后，断开电源，拆除实训安装线路。整理、回放实训用的器件和工具等。

5.2.2　电动机的能耗制动控制与反接制动控制

1. 能耗制动控制

所谓能耗制动是指电动机脱离电源后，向定子绕组通入直流电源，从而在空间产生静止的磁场，此时电动机转子因惯性而继续运转，切割磁感应线，产生感应电动势和转子电流，转子电流与静止磁场相互作用，产生制动转矩，使电动机迅速减速停车。

能耗制动作用效果与通入直流电流的大小和电动机转速有关，在同样的转速下，电流越大，其制动时间越短。一般取直流电流为电动机空载电流的 3～4 倍，过大的电流会使定子过热。直流电源中串接的可调电阻 R 用于调节制动电流的大小。

能耗制动具有制动准确、平衡、能量消耗小等优点，故适用于要求制动准确、平稳的设备，如磨床、龙门刨床及组合机床的主轴制动。

2. 反接制动控制

反接制动是通过改变电动机三相电源的相序，利用定子绕组的旋转磁场与转子惯性旋转方向相反，产生反方向的转矩，从而达到制动效果。

反接制动时，由于转子与定子旋转磁场的相对转速接近于两倍的同步转速，所以定子绕组中流过的制动电流相当于直接启动时的两倍。为此对 10kW 以上的电动机进行反接制动时，必须在电动机定子绕组中串接一定的限流电阻，以避免绕组过热和机械冲击。

反接制动的另一个要求是在电动机转速接近 0 时，及时切断交流电源，防止反向又启动。为此，常用与电动机的转子轴连接在一起的速度继电器检测电动机的速度变化。

5.2.3 继电器

继电器是一种自动操纵远离设备的电器，广泛应用于自动控制系统、遥控、遥测系统、电力保护系统以及通信系统中，起着控制、检测、保护和调节的作用，是现代电器装置中最基本的器件之一。一般来说，继电器通过测量环节输入外部信号（比如电压、电流等电量；或温度、压力、速度等非电量）并传递给中间机构，将它与设定值（即整定值）进行比较，当达到整定值时（过量或欠量），中间机构就使执行机构产生输出动作，从而闭合或分断电路，达到控制电路的目的。

虽然继电器和接触器都是用来自动接通或断开电路，但是它们仍有许多不同之处。继电器可以对各种电量或非电量的变化做出反应，而接触器只有在一定的电压信号下动作；继电器可以用来切换小电流的控制电路，而接触器则用来控制大电流电路，因此继电器的触头容量较小，且无灭弧装置。

继电器用途广泛、种类繁多。按照用途可以分为：控制继电器和保护继电器；按动作原理可以分为：电磁式继电器、感应式继电器、电动式继电器、电子式继电器和热继电器；按输入信号的不同可以分为：电压继电器、中间继电器、电流继电器、时间继电器、速度继电器等，其中电压继电器、电流继电器、中间继电器均为电磁式。

熔断器俗称保险器（或保险丝），主要用于供电线路和电器设备的短路保护。它的优点是体积小、动作快、简单经济、且有限制短路电流的作用。它的缺点是易受到周围温度影响，工作不够稳定，容易在正常工作时发生一相熔断，造成电动机单相运行，使电动机烧毁。

5.2.3.1 电磁式继电器

1. 电磁式继电器的结构与工作原理

电磁式继电器也叫有触点继电器。它的结构和工作原理与电磁式接触器相似，也是由电磁机构、触点系统和释放弹簧等部分组成，其结构如图 5－22 所示。由于继电器用于控制电路，所以电流比较小，不需要灭弧装置。它体积小，动作比较灵敏。

（1）电磁机构。直流继电器的电磁机构为 U 形拍合式，铁芯和衔铁均由电工软铁制成。为了改变衔铁闭合后的气隙，在衔铁的内侧装有非磁性垫片，铁芯铸在铝基座上。交流继电器的电磁机构有 U 形拍合式、E 形直动式、螺管式等多种形式。铁芯与衔铁均由硅钢片叠制而成，且在铁芯柱端面上嵌有短路环。

（2）触头系统。继电器的触头为桥式结构，没有灭弧装置，有常开和常闭两种触头形式。

（3）调节装置。为改变继电器的动作参数，应具有改变继电器释放弹簧松紧程度的调节装置以及改变衔铁打开后磁路气隙大小的调节装置。

电磁式继电器的图形符号及其文字符号如图 5－23 所示。

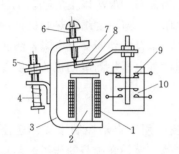

图 5-22 电磁式继电器的典型结构

1—线圈；2—铁芯；3—磁轭；4—弹簧；5—调节螺母；

6—调节螺钉；7—衔铁；8—非磁性垫片；9—常闭

触头；10—常开触头

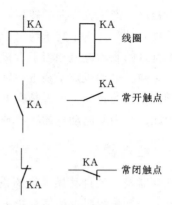

图 5-23 电磁式继电器的图形

符号及其文字符号

2. 电流继电器

电流继电器是用来反映电流信号的元件，如图 5-24 所示。将电流继电器串联在控制

（a）DL 系列电流继电器

（b）JL 系列电流继电器

图 5-24 电流继电器外形图

电路中，线圈与负载相串联，用于检测电路中的电流的变化，通过与电流设定值的比较自动判断工作电流是否越限。这种继电器的线圈匝数少，线径粗，线圈上电压降很小，不会影响负载电路中的电流。电流继电器又分为欠电流和过电流两种形式。

欠电流继电器的吸引电流为额定电流的 $30\%\sim65\%$，释放电流为额定电流的 $10\%\sim20\%$。因此，在电路正常工作时，其衔铁是吸合的：只有当电流降低到某一程度时，继电器释放，输出信号。

过电流继电器在电路正常工作时不动作，当电流超过某一整定值时才动作，整定范围通常为 $1.1\sim4$ 倍的额定电流。

在机床电气控制系统中，用得较多的电流继电器有 JL14、JL15、JT3、JT4、JT9 和 JT10 等型号，主要根据主电路中的电流种类和额定电流来选择。

3. 电压继电器

电压继电器是用来反映电压信号的元件，如图 5 - 25 所示。将电压继电器并联在控制电路中，线圈与负载相并联，用于检测电路中的电压变化，通过与电压设定值相比较自动判断电压是否越限。与电流继电器不同，电压继电器的线圈匝数多，线径细，阻抗大，以减少对负载电路的影响。电压继电器也分为欠（零）电压继电器和过电压继电器。

（a）JT 系列电压继电器　　（b）JY 系列电压继电器　　（c）中间继电器

图 5 - 25　电压继电器和中间继电器外形图

欠电压继电器在电压为额定值的 $40\%\sim70\%$ 时动作，零电压继电器是当电压降到额定值的 $5\%\sim25\%$ 时才动作，切断电路实现欠（零）压保护。

过电压继电器在电压为额定值的 $1.05\sim1.2$ 倍时动作，实现电路的过电压保护。

电压继电器和电流继电器的结构相似，不同的是电压继电器线圈为电压线圈，线圈匝数多、导线细、阻抗大，直接并联在相应的电源两端。

机床电气控制系统中，常用的电压继电器有 JT3、JT4 型。

4. 中间继电器

中间继电器实质上是电压继电器，但它的触点对数相对较多，触头容量较大，动作灵活，如图 5 - 25（c）所示。一般来讲，中间继电器的触头容量与接触器的辅助触头差不多，其额定电流多数为 5A，对于电动机额定电流不超过 5A 的电气控制系统，也可以代替接触器来使用。

中间继电器的主要作用是：当其他继电器的触头对数或触头容量不够时，可借助中间继电器来扩大它们的触头数和触头容量，起到中间转换的作用。

常用的中间继电器的型号有：JZ14、JZ15、JZ 和 JZ7。

5.2.3.2 热继电器

1. 热继电器的作用

在电力拖动控制系统中，当三相交流电动机出现长期带负荷欠电压下运行，长期过载运行及长期单相运行等不正常情况时，会导致电动机绕组严重过热致烧坏，为了充分发挥电动机的过载能力，保证电动机的正常启动和运转，而当电动机一旦出现长时间过载时又能自动切断电路，从而出现了能随过载程度而改变动作时间的电器，这就是热继电器。

显而易见，热继电器在电路中是做三相交流电动机的过载保护用的。但需注意，由于热继电器中发热元件有热惯性，在电路中不能做瞬时过载保护，更不能做短路保护，因此，它不同于过电流继电器和熔断器。

按相数来分，热继电器有单相、两相和三相共 3 种类型，每种类型按发热元件的额定电流分又有不同的规格和型号。三相热继电器常用做三相交流电动机的过载保护电器。按职能来分，三相热继电器又有不带断相保护和带断相保护两种类型。

2. 热继电器的工作原理

热继电器中产生热效应的发热元件，应串接于电动机电路中，这样，热继电器便能直接反映电动机的过载电流。热继电器的感测元件，一般采用双金属片。所谓双金属片，就是将两种线膨胀系数不同的金属片以机械碾压的方法使之形成一体。膨胀系数较大的称为主动层，膨胀系数较小的称为被动层。双金属片受热后产生线膨胀，由于两层金属的线膨胀系数不同，且两层金属又紧密地结合在一起，因此，使双金属片向被动层一侧弯曲，由双金属片弯曲产生的机械力便带动触头动作，这就是热继电器的基本工作原理。

3. 三相式热继电器结构原理

三相式热继电器的结构原理如图 5-26 所示。发热元件 3 串联在电动机定子绕组中，电动机绕组电流即为流过热元件的电流。当电动机正常运行时，热元件产生的热量虽能使双金属片 2 弯曲，但还不足以使继电器动作；当电动机过载时，热元件产生的热量增大，使双金属片弯曲位移增大，经过一定时间后，双金属片弯曲到推动导板 4，并通过补偿双金属片 5 与推杆 14，将触点 9 和 6 分开，触点 9 和 6 为热继电器串于接触器线圈回路的常闭触点，断开后使接触器失电，接触器的常开触点断开电动机的电源以保护电动机。调节旋钮 11 是一个偏心轮，它与支撑架 12 构成一个杠杆，13 是一个压簧，转动偏心轮，改变它的半径即可改变补偿双金属片 5 与导板 4 的接触距离，因而达到调节整定动作电流的目的。此外，靠调节复位螺钉 8 来改变常开触点 7 的位置使热继电器能工作在手动复位和自动复位两种工作状态。调试手动复位时，在故障排除后要按下按钮 10 才能使动触点 9 恢复与静触点 6 相接触的位置。

4. 热继电器的型号和规格

我国生产的热继电器类型较多，其中 JR1、JR2、JR0、JR15 系列是两相结构的热继电器，JR16、JR20 系列是三相结构的热继电器。JR16、JR20 系列继电器又分别为带断相

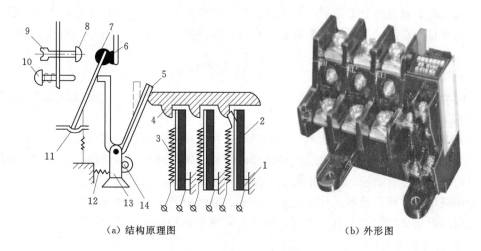

（a）结构原理图	（b）外形图

图 5-26　三相式热继电器结构图

1—支架；2—双金属片；3—发热元件；4—导板；5—补偿双金属片；6—静触点；7—动触点；8—常开
触点；9—复位螺钉；10—复位按钮；11—推杆；12—压簧；13—支撑架；14—调节旋钮

保护和不带断相保护两种，目前应用最为广泛。从国外引进的产品有德国 BBC 公司的 T 系列、西门子公司的 3UA 系列、法国 TE 公司的 LR1 系列等热继电器。

JR20 系列热继电器采用立体布置结构、且系列动作机构通用。除具有过载保护、断相保护、温度补偿以及手动和自动复位功能外，还具有动作脱扣灵活、动作脱扣指示以及断开检验按钮等功能装置。

热继电器的型号含义及电气符号如图 5-27 和图 5-28 所示。

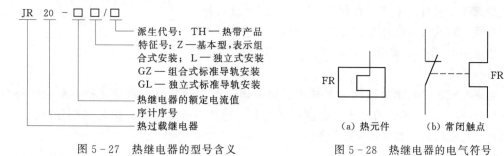

图 5-27　热继电器的型号含义

图 5-28　热继电器的电气符号

5．热继电器的选用

热继电器选用是否得当，直接影响着对电动机进行过载保护的可靠性。通常选用时应按电动机形式、工作环境、启动情况及负荷情况等几方面综合加以考虑。

原则上热继电器的额定电流应按电动机的额定电流选择。对于过载能力较差的电动机，其配用的热继电器（主要是发热元件）的额定电流可适当小些。通常，选取热继电器的额定电流（实际上是选取发热元件的额定电流）为电动机额定电流的 60%～80%。

在不频繁启动场合，要保证热继电器在电动机的启动过程中不产生误动作。通常，当电动机启动电流为其额定电流 6 倍以下以及启动时间不超过 6s 时，若很少连续启动，就可按电动机的额定电流选取热继电器。

当电动机为重复短时工作时，首先注意确定热继电器的允许操作频率。因为热继电器的操作频率是很有限的，如果用它保护操作频率较高的电动机，效果很不理想，有时甚至不能使用。

5.2.3.3 时间继电器

时间继电器是指一种接收信号后，经过一定的延时才输出信号，实现触头延时接通或断开的控制电器。

时间继电器的延时方式有两种。通电延时：接受输入信号后延迟一定的时间，输出信号才发生变化；当输入信号消失后，输出瞬时复原。断电延时：接受输入信号时，瞬时产生相应的输出信号；当输入信号消失后，延迟一定的时间，输出才复原。

时间继电器的种类很多，常用的有电磁式、空气阻尼式、电动式、晶体管式等。重点介绍常用的电磁式时间继电器、空气阻尼式时间继电器和晶体管式时间继电器。

1. 直流电磁式时间继电器

直流电磁式时间继电器是在铁芯上增加一个阻尼铜套，带有阻尼铜套的铁芯结构如图5-29所示。

由电磁感应定律可知，在继电器通电、断电过程中铜套内将感生涡流，阻碍穿过铜套内的磁通变化，因而对原磁通起了阻尼作用。当继电器通电吸合时，由于衔铁处于释放位置，气隙大、磁阻大、磁通小，铜套阻尼作用也小，因此铁芯吸合时的延时不显著，一般可忽略不计。当继电器断电时，磁通量的变化大，铜套的阻尼作用也大。因此，这种继电器仅用做断电延时，其延时动作触点有延时打开常开触点和延时闭合常闭触点两种。

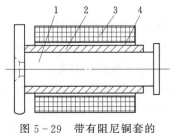

图5-29 带有阻尼铜套的
铁芯结构图
1—铁芯；2—阻尼铜套；
3—线圈；4—绝缘层

直流电磁式时间继电器的延时时间较短，JT系列最长不超过5s，而且准确度较低，一般只用于延时精度要求不高的场合。

直流电磁式时间继电器延时时间的长短可通过改变铁芯与衔铁间非磁性垫片的厚薄（粗调）或改变释放弹簧的松紧（细调）来调节。垫片厚则延时短，垫片薄则延时长。释放弹簧紧则延时短，释放弹簧松则延时长。

2. 空气阻尼式时间继电器

空气阻尼式时间继电器是通过空气阻尼作用实现延时的。它由电磁机构、延时机构和触点组成。

空气阻尼式时间继电器的电磁机构有交流、直流两种。

延时方式有通电延时型和断电延时型（改变电磁机构位置，将电磁铁翻转180°安装）。当动铁芯（衔铁）位于静铁芯和延时机构之间位置时为通电延时型；当静铁芯位于动铁芯和延时机构之间位置时为断电延时型。

以JS7-A系列时间继电器中的通电延时型为例，介绍空气阻尼时间继电器的工作原理，如图5-30所示。由图5-30所示可知：当线圈1得电后衔铁（动铁芯）3吸合，活塞杆6在塔形弹簧8作用下带动活塞12及橡皮膜10向上移动，橡皮膜下方空气室空气变得稀薄，形成负压，活塞杆只能缓慢移动，其移动速度由进气孔气隙大小来决定。经一段延时后，活塞杆通过杠杆 7 压动微动开关 15，使其触点动作，起到通电延时作用。当线圈断电时，衔铁释放，橡皮膜下方空气室内的空气通过活塞肩部所形成的单向阀迅速地排出，使活塞杆、杠杆、微动开关等迅速复位。由线圈得电到触点动作的一段时间即为时间继电器的延时时间，其大小可以通过调节螺钉 13 调节进气孔气隙大小来改变。断电延时型的结构、工作原理与通电延时型相似，只是电磁铁安装方向不同，即当衔铁吸合时推动活塞复位，排出空气。当衔铁释放时活塞杆在弹簧作用下使活塞向下移动，实现断电延时。在线圈通电和断电时，微动开关 16 在推板 5 的作用下都能瞬时动作，其触点即为时间继电器的瞬动触点。

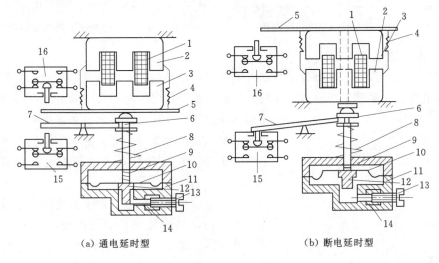

(a) 通电延时型　　　　　　　　(b) 断电延时型

图 5 - 30　JS7 - A 系列空气阻尼时间继电器结构原理图

1—线圈；2—铁芯；3—衔铁；4—反力弹簧；5—推板；6—活塞杆；7—杠杆；8—塔形弹簧；9—弱弹簧；
10—橡皮膜；11—空气室壁；12—活塞；13—调节螺钉；14—进气孔；15、16—微动开关

空气阻尼式时间继电器的优点是结构简单、寿命长、价格低廉，还附有不延时的触头，所以应用较为广泛。其缺点就是准确度较低、延时误差大（10%～20%），因此在要求延时精确度高的场合不宜采用。

3. 晶体管式时间继电器

晶体管式时间继电器常用的有阻容式时间继电器，它利用 RC 电路中电容电压不能跃变，只能按指数规律逐渐变化的原理（即电阻尼特性）获得延时。所以，只要改变充电回路的时间常数即可改变延时时间。由于调节电容比调节电阻困难，所以多用调节电阻的方法来改变延时时间。其原理如图 5 - 31 所示。

晶体管时间继电器具有延时范围广、体积小、精度高、使用方便及寿命长等优点。常用的晶体管时间继电器有 JSJ 系列、JSB 系列、JS14A 系列，还有带数字显示的时间继电器 JS14P 系列、JS14S 系列、JSS1 系列。国外有 ST 系列产品，是由集成电路构成的。

时间继电器的图形符号如图 5 - 32 所示。

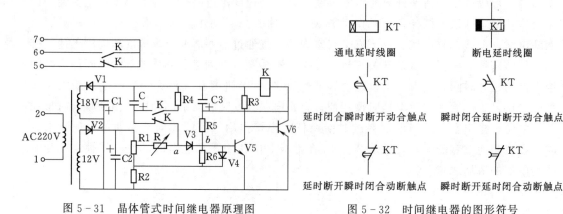

图 5-31　晶体管式时间继电器原理图　　　　　图 5-32　时间继电器的图形符号

5.2.3.4　速度继电器

速度继电器主要用于笼型异步电动机的反接制动控制，也叫做反接制动继电器。它主要是依靠电磁感应原理实现触点动作的，因此它的电磁系统与一般电磁式继电器的电磁系统是不同的，与交流电动机的电磁系统相似，由定子和转子组成其电磁系统。感应式速度继电器在结构上主要由定子、转子和触点三部分组成，如图 5-33 所示。

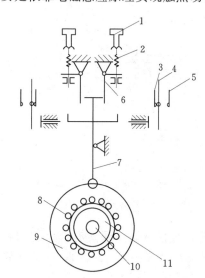

转子由永久磁铁制成，定子的结构与笼型电动机的定子相似，是由硅钢片叠制而成，并装有笼型绕组。继电器转轴 10 与电动机轴相连接，当电动机转动时，继电器的转子 11 随着一起转动，这样，永久磁铁的静止磁场就成了旋转磁场。当定子 9 内的笼型导体 8 因切割磁场而产生电势和电流时，导体与旋转磁场相互作用产生电磁转矩，于是定子跟着转子相应偏转。转子转速越高，定子导体内产生的电流越大，电磁转矩也就越大。当定子偏转到一定角度时，在杠杆 7 的作用下使常闭触点打开而常开触点闭合。在杠杆 7 推动触点的同时，也压缩相应的反力弹簧，其反作用力阻止了定子继续偏转。当电动机转速下降时，继电器的转子转速也随之下降，定子导体内产生的电流也相应地减少，因而使电磁转矩也相应减小。当继

图 5-33　速度继电器结构原理图

1—调节螺钉；2—反力弹簧；3—常闭触点；
4—动触点；5—常开触点；6—返回杠杆；
7—杠杆；8—定子导体；9—定子；
10—转轴；11—转子

电器转子的转速下降到一定数值时，电磁转矩小于反力弹簧的反作用力矩，定子便返回到原来位置，使对应的触点恢复到原来状态。调节螺钉 1 的松紧，可以调节反力弹簧的反作用力，从而可以调节触点动作所需的转子转速。

常用的感应式速度继电器有 JY1 系列和 JFZ0 系列。JY1 系列能在 3000r/min 以下可靠地工作；JFZ0-1 型适用于 300～1000r/min，JFZ0-2 型适用于 1000～3600r/min，

JFZ0 系列有两对常开、常闭触点。一般感应式速度继电器转轴在 120r/min 左右时触点即能正常工作。速度继电器的图形及文字符号如图 5 - 34 所示。

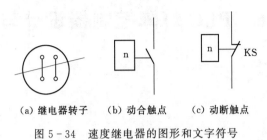

(a) 继电器转子   (b) 动合触点   (c) 动断触点

图 5 - 34 速度继电器的图形和文字符号

项目6　PLC 灯阵控制器设计与制作

【教学目标要求】

知识目标：认识 PLC 的结构与原理，了解 S7 - 200 系列 PLC 的特点，掌握 S7 - 200 系列 PLC 及其编程软件的使用，掌握 S7 - 200 系列 PLC 基本指令的应用，并能利用 PLC 基本指令完成简单控制系统的设计。

技能目标：S7 - 200 系列 PLC 的接线、相关低压电器的应用、电气控制电路的故障查询与处理方法、万用表测试元件或电路的方法。

任务6.1　天塔之光控制系统设计制作

知识目标	熟悉 S7 - 200 系列 PLC 基本指令的应用，练习使用其编程软件，了解 PLC 实验装置的组成并掌握电路原理图的设计方法和步骤
技能目标	S7 - 200 系列 PLC 的电气连接、S7 - 200 系列 PLC 的使用、天塔之光电路的连接
使用设备	S7 - 200 系列 PLC 实验台、PC、万用表、导线、螺钉旋具（含一字、十字）、剥线钳、剪线钳、尖嘴钳、电笔、电胶带
实训要求	用 S7 - 200 系列 PLC 实现图 6 - 1 中的 9 盏灯以射型闪烁：L1 灯亮 1S 后灭，接着 L2、L3、L4、L5 灯亮 1s 后灭，接着 L6、L7、L8、L9 灯亮 1s 后灭；接着 L1 灯亮 1s 后灭，接着 L2、L3、L4、L5 灯亮 1s 后灭，如此循环，即"天塔之光"闪光灯
实训拓展	参考天塔之光控制系统的设计，设计一个舞台艺术灯控制系统
实训报告	报告的格式和主要内容见附录，同时注意对实训拓展作较详细的说明

6.1.1　天塔之光控制器制作

1. 训练要求

（1）熟悉 STEP7 - Micro/WIN V4.0 软件界面，掌握梯形图的输入、编辑、调试等基本操作。

（2）掌握西门子 S7 - 200 系列 PLC 的安装与连接。

（3）掌握用 S7 - 200 系列 PLC 实现闪光灯控制系统。

2. 操作注意事项

（1）要认真核对 PLC 的电源规格，不同厂家或不同类型的 PLC 使用电源可能大不相同。交流电源要接于专用端子上，如果接在其他端子上会烧坏 PLC。

（2）普通通信线的 RS-232 端口连接计算机，RS-485 端口连接 PLC；USB 通信线的 USB 端口连计算机，RS-485 端口连接 PLC。

（3）在本训练中，PLC 和负载（电灯泡）可共用 220V 交流电源。在实际生产中，为了抑制电源干扰，常用隔离变压器为 PLC 单独供电。

3. 电路原理图

天塔之光的灯阵结构如图 6-1 所示。

（1）PLC 外部接线。因为实验板的主要是采用 CPU224，因此实验板的输出端子为 10 个，输入端子为 14 个。这里

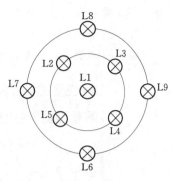

图 6-1 天塔之光实验板灯阵

我们要接 9 盏灯，灯的一端与 PLC 的输入端子相连，另一端与 240V AC 的 N 端（即零线）连接；而在输入端接两个按钮 SB1、SB2 用于系统的启动和停止，具体电路连接如图 6-2 所示。

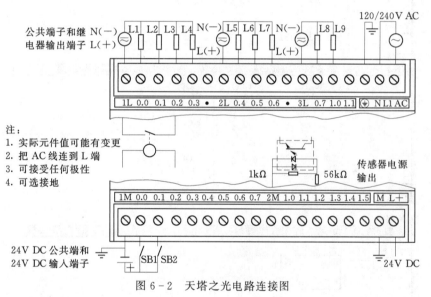

图 6-2 天塔之光电路连接图

（2）I/O 口分配。根据图 6-2 的实际接线，天塔之光控制系统的 I/O 分配见表 6-1。

表 6-1 控制元件及接线端子分配

	输 入			输 出	
控制元件	控制功能	端子分配	控制元件	控制功能	端子分配
按钮 SB1	启动按钮	I0.0	L1～L8	灯的亮灭	Q0.0～Q0.7
按钮 SB2	停止按钮	I0.1	L9	灯的亮灭	Q1.0

4. 控制要求

首先用按钮 SB1 驱动 Q0.0 输出，即点亮 L1，同时接启动定时器 T37；1s 后点亮 L2、L3、L4、L5，同时熄灭 L1、接通定时器 T38、关掉 T37；1s 后点亮 L6、L7、L8、L9，同时熄灭 L2、L3、L4、L5，并接通定时器 T39、关掉 T38；1s 后点亮 L1，同时关掉 L6、L7、

L8、L9，并启动 T37；然后又从头开始执行，如此循环往复，直到按下停止按钮 SB2。

5. 程序设计

根据控制要求，结合选择的控制元件和接线端子的分配，编制梯形图程序，如图 6 - 3 所示。

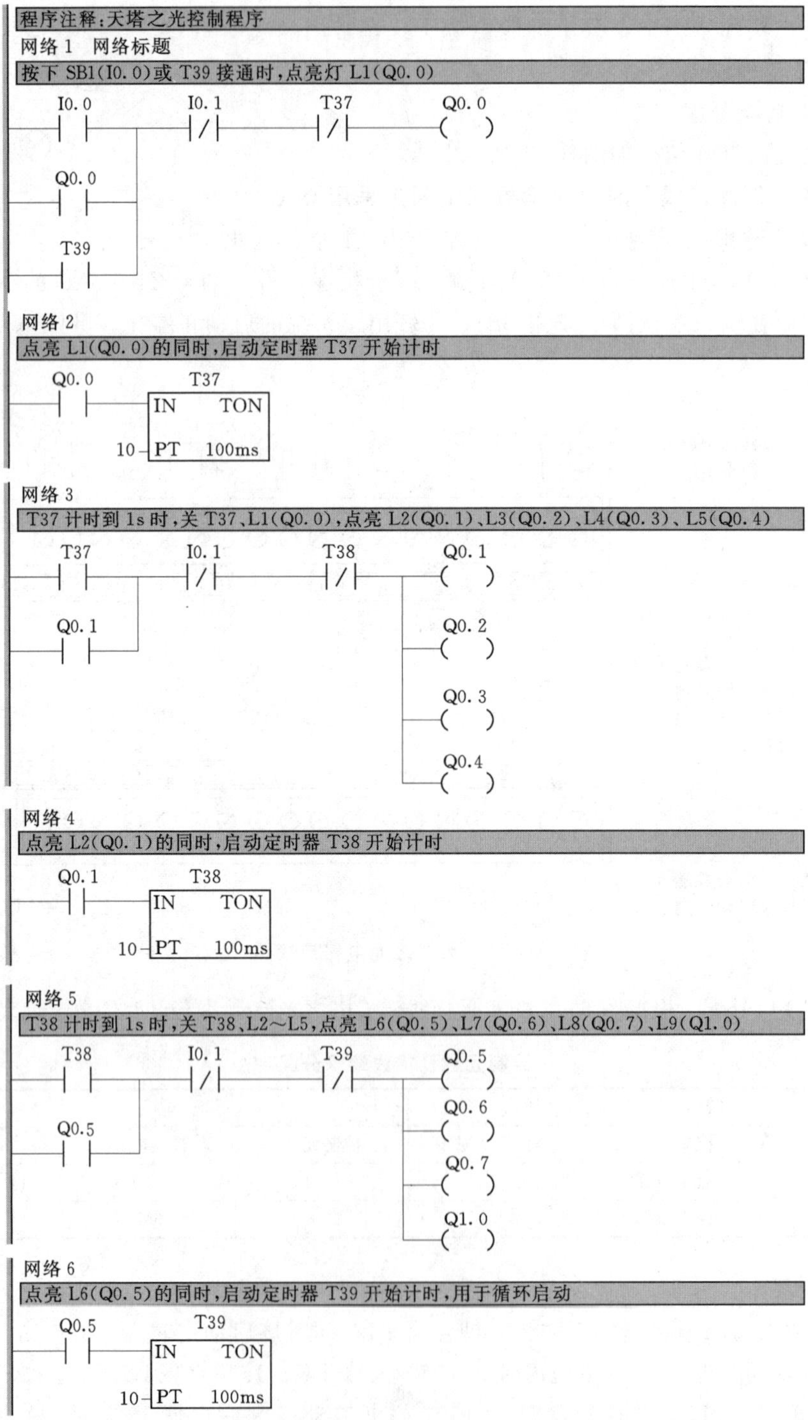

```
┌─────────────────────────────────────────────────────────────┐
│ 程序注释:天塔之光控制程序                                         │
├─────────────────────────────────────────────────────────────┤
│ 网络 1  网络标题                                                 │
├─────────────────────────────────────────────────────────────┤
│ 按下 SB1(I0.0)或 T39 接通时,点亮灯 L1(Q0.0)                        │
└─────────────────────────────────────────────────────────────┘
       I0.0        I0.1        T37         Q0.0
       ─┤├─────┬───┤/├────────┤/├─────────( )
       Q0.0     │
       ─┤├──────┤
       T39      │
       ─┤├──────┘

┌─────────────────────────────────────────────────────────────┐
│ 网络 2                                                         │
├─────────────────────────────────────────────────────────────┤
│ 点亮 L1(Q0.0)的同时,启动定时器 T37 开始计时                        │
└─────────────────────────────────────────────────────────────┘
       Q0.0          T37
       ─┤├───────┌─IN    TON─┐
                 │           │
              10─┤PT   100ms │
                 └───────────┘

┌─────────────────────────────────────────────────────────────┐
│ 网络 3                                                         │
├─────────────────────────────────────────────────────────────┤
│ T37 计时到 1s 时,关 T37,L1(Q0.0),点亮 L2(Q0.1)、L3(Q0.2)、L4(Q0.3)、L5(Q0.4) │
└─────────────────────────────────────────────────────────────┘
       T37         I0.1        T38         Q0.1
       ─┤├─────┬───┤/├────────┤/├─────────( )
       Q0.1     │                          Q0.2
       ─┤├──────┘                          ─( )
                                           Q0.3
                                           ─( )
                                           Q0.4
                                           ─( )

┌─────────────────────────────────────────────────────────────┐
│ 网络 4                                                         │
├─────────────────────────────────────────────────────────────┤
│ 点亮 L2(Q0.1)的同时,启动定时器 T38 开始计时                        │
└─────────────────────────────────────────────────────────────┘
       Q0.1          T38
       ─┤├───────┌─IN    TON─┐
                 │           │
              10─┤PT   100ms │
                 └───────────┘

┌─────────────────────────────────────────────────────────────┐
│ 网络 5                                                         │
├─────────────────────────────────────────────────────────────┤
│ T38 计时到 1s 时,关 T38,L2~L5,点亮 L6(Q0.5)、L7(Q0.6)、L8(Q0.7)、L9(Q1.0) │
└─────────────────────────────────────────────────────────────┘
       T38         I0.1        T39         Q0.5
       ─┤├─────┬───┤/├────────┤/├─────────( )
       Q0.5     │                          Q0.6
       ─┤├──────┘                          ─( )
                                           Q0.7
                                           ─( )
                                           Q1.0
                                           ─( )

┌─────────────────────────────────────────────────────────────┐
│ 网络 6                                                         │
├─────────────────────────────────────────────────────────────┤
│ 点亮 L6(Q0.5)的同时,启动定时器 T39 开始计时,用于循环启动             │
└─────────────────────────────────────────────────────────────┘
       Q0.5          T39
       ─┤├───────┌─IN    TON─┐
                 │           │
              10─┤PT   100ms │
                 └───────────┘
```

图 6 - 3 天塔之光梯形图

6. 操 作 步 骤

（1）连接 PLC 与计算机。

（2）输入程序。

（3）启动 PLC，按下 SB1，观察运行效果；按下 SB2，观察运行效果。

6.1.2　STEP7 - Micro/WIN 编程软件

S7 - 200 系列 PLC 主要使用 STEP7 - Micro/WIN 编程软件进行编程和其他一些相关处理。STEP7 - Micro/WIN 是基于 Windows 的应用软件，是西门子公司专门为 SIMAT-IC - 200 系列 PLC 设计开发的供用户用来开发控制程序的编程软件，它同时也可实时监控用户程序的状态，是 SIMATIC - 200 用户不可缺少的开发工具。

1. 编程软件的安装

编程软件 STEP7 - Micro/WIN 可以安装在个人计算机及 SIMATIC 编程设备 PG70上。在个人计算机上安装的条件：软件方面，操作系统必须为 Microsoft Windows 2000 Service Pack 3 以上；硬件方面，要求硬盘至少有 350MB 的空间。

STEP7 - Micro/WIN V4.0 集成了多国语言，初始安装的是英语版本。软件安装完成后可以选择下拉菜单的 Tools→Options 选项，出现如图 6 - 4 所示界面。在左侧 Options栏选中 General 项，然后在右侧出现的 Language 栏中选择 Chinese。确认后，重新启动STEP7 - Micro/WIN V4.0 即可变为中文版本。

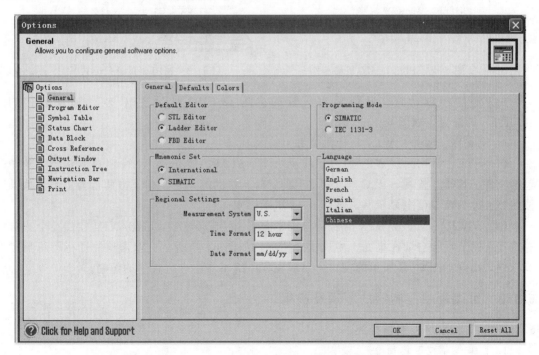

图 6 - 4　STEP7 - Micro/WIN V4.0 语言版本设置

2. 建立 S7 - 200 CPU 的通信

S7 - 200 CPU 与个人计算机之间有两种通信连接方式：一种是采用专用的 PC/PPI 电

缆，另一种是采用 MPI 卡和普通电缆。可以使用个人计算机（PC）作为主设备，通过 PC/PPI 电缆或 MPI 卡与一台或多台 PLC 相连，实现主、从设备之间的通信。

（1）PC/PPI 电缆通信。典型的单主机连接如图 6-5 所示，一台 PLC 用 PC/PPI 电缆与个人计算机连接，不需要外加其他的硬件设备。PC/PPI 电缆是一条支持个人计算机、按照 PPI 通信协议设置的专用电缆线。电缆线中间有通信模块，模块外部设有波特率设置开关，两端分别为 RS-232 和 RS-485 接口。PC/PPI 电缆的 RS-232 端连接到个人计算机的 RS-232 通信口 COM1 或 COM2 接口上，而 PC/PPI 的另一端则接到 S7-200 CPU 的通信口上。

（2）MPI 通信。多点接口卡（MPI）提供了一个 RS-485 端口，可以用直通电缆与网络相连。在建立 MPI 通信之后，可以把 STEP7-Micro/WIN 连接到包括许多其他网络设备的网络上，每个主设备（CPU）都有一个唯一的地址。图 6-6 所示为 MPI 卡时 PLC 与个人计算机的连接方法。需要将 MPI 卡安装在计算机的 PCI 插槽内，然后启动安装文件，将该配置文件放在 Windows 目录下，CPU 与个人计算机 RS-485 接口用线电缆连接。

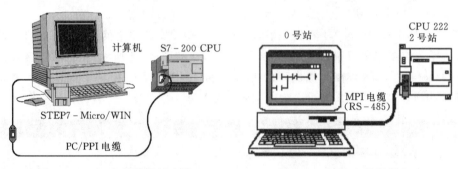

图 6-5　PLC 与计算机的连接　　　　图 6-6　MPI 卡的通信方式

（3）通信参数设置。通信参数设置的内容有 CPU 地址、PC 软件地址和接口（PORT）等设置，如图 6-7 所示。

3. STET7-Micro/WIN 软件的使用

（1）STEP7-Micro/WIN 窗口组件及功能。STEP7-Micro/WIN 窗口的首行主菜单包括文件、编辑、检视、PLC、调试、工具窗口、帮助等，主菜单下方两行为工具条快捷按钮，其他为窗口信息显示区，如图 6-8 所示。

（2）STEP7-Micro/WIN 的启动与程序的编制。STEP7-Micro/WIN 软件在个人计算机安装完成后会自动在桌面上生成快捷图标，如图 6-9 所示。双击快捷图标即可启动该软件，出现如图 6-8 所示的窗口。然后在程序编辑器中进行程序的编制。

6.1.3　可编程序控制器的原理及应用

6.1.3.1　可编程序控制器概述

1. 可编程序控制器简介

可编程序控制器英文称 programmable logic controller，简称为 PLC。PLC 是基于电子计算机，且适用于工业现场工作的电控制器。它源于继电控制装置，但它不像继电装置那样，通过电路的物理过程实现控制，而主要靠运行存储于 PLC 内存中的程序，进行信

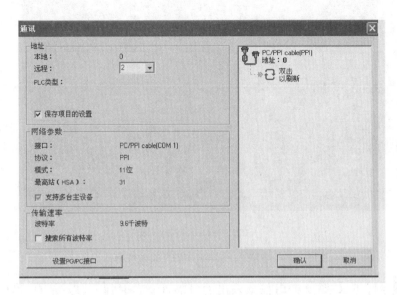

图 6 − 7　通信参数设置的对话框

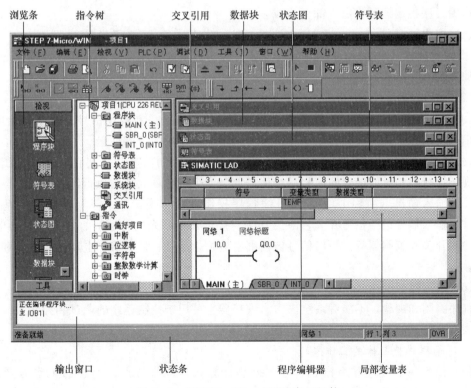

图 6 − 8　STEP7 − Micro/WIN 窗口组件

STEP7 - Mciro/WIN 图标

图 6 - 9　STEP7 - Micro/WIN 软件快捷图标

息变换实现控制。PLC 需要考虑信息入出的可靠性、实时性，以及信息的使用等问题。特别要考虑怎么适应于工业环境，如便于安装、抗干扰等问题。

2．可编程序控制器的基本结构

可编程序控制器硬件由六部分构成：

（1）中央处理器（central processor unit，CPU），是可编程序控制器的心脏部分。CPU 由微处理器（Microprocessor）存储实际控制逻辑的程序存储器和存储数据、变量的数据储器构成。

（2）电源（power supply），给中央处理器提供必需的工作电源。

（3）输入组件（inputs），输入组件的功能是将操作开关和现场信号送给中央处理器。现场信号可以是开关量、模拟量或针对某一特定目的使用的特殊变量。

（4）输出组件（outputs），输出组件接收 CPU 的控制信号，并把它转换成电压或电流等现场执行机构所能接收的信号后，传送控制命令给现场设备的执行器。

（5）输入输出（简称 I/O），是可编程序控制器的"手"和"脚"或者叫做系统的"眼睛"。输入信号包括按钮开关、限位开关、接近开关、光电传感器、热电偶、热电阻、位置检测开关和编码器等。输出信号包括继电器、指示灯、显示器、电动机等直流和交流设备。

（6）编程器（programmer）。在正常情况下，编程器用于系统初始状态的配置，控制逻辑程序编制和加载，不能对系统操作。编程器也可用于控制程序的调试和控制系统故障时作为检查故障的有效工具。

3．可编程序控制器的工作原理

PLC 虽然以微处理器为核心，具有微型计算机的许多特点，但它的工作方式却与微型计算机有很大的不同。微型计算机一般采用等待命令或中断的工作方式，如常见的键盘扫描方式或 I/O 扫描方式，当有键按下或 I/O 动作，则转入相应的子程序或中断服务程序，无键按下，则继续扫描等待。PLC 采用循环扫描的工作方式，即顺序扫描。不断循环这种工作方式是在系统软件控制下进行的。当 PLC 运行时，CPU 根据用户按控制要求编写好并存于用户存储器中的程序，按序号进行周期性的程序循环扫描，程序从第一条指令开始，逐条顺序执行用户的程序直到程序结束。然后重新返回第一条指令，再开始下一次扫描，如此周而复始。实际上，PLC 扫描工作除了执行用户程序外，还要完成其他工作。整个工作过程分为自诊断、通信服务、输入处理、输出处理、程序执行五个阶段。

（1）自诊断。每次扫描用户程序之前，都先执行故障自诊断程序。自诊断内容包括 I/O 部分、存储器、CPU 等，并通过 CPU 设置定时器来监视每次扫描是否超过规定的时间，如果发现异常，则停机并显示出错。若自诊断正常，则继续向下扫描。

（2）通信服务。PLC 检查是否有与编程器、计算机等通信要求，若有则进行相应处理。

（3）输入处理。PLC 在输入刷新阶段，首先以扫描方式按顺序从输入锁存器中写入所有输入端子的状态或数据，并将其存入内存中为其专门开辟的暂存区——输入状态映像区中。这一过程称为输入采样，随后关闭输入端口，进入程序执行阶段，即使输入端有变化，输入映像区的内容也不会改变。变化的输入信号的状态只能在下一个扫描周期的输入刷新阶段被读入。

（4）输出处理。同输入状态映像区一样，PLC 内存中也有一块专门的区域称为输出状态映像区。当程序的所有指令执行完毕，输出状态映像区中所有输出继电器的状态就在 CPU 的控制下被一次集中送至输出锁存器中，并通过一定的输出方式输出，推动外部的相应执行器件工作，这就是 PLC 输出刷新阶段。

（5）程序执行。PLC 在程序执行阶段，按用户程序顺序扫描执行每条指令。从输入状态映像区读出输入信号的状态，经过相应的运算处理等，将结果写入输出状态映像区。通常将自诊断和通信服务合称为监视服务。输入刷新和输出刷新称为 I/O 刷新。可以看出，PLC 在一个扫描周期内，对输入状态的扫描只是在输入采样阶段进行，对输出赋的值也只有在输出刷新阶段才能被送出，而在程序执行阶段输入、输出会被封锁。这种方式称作集中采样、集中输出。

PLC 的扫描周期即完成一次扫描（I/O 刷新、程序执行和监视服务）所需要的时间，由 PLC 的工作过程可知，一个完整的扫描周期 T 应为：$T＝$（输入一点时间×输入点数）＋（运算速度×程序步数）＋（输出一点时间×输出点数）＋监视服务时间。扫描周期的长短主要取决于三个要素：一是 CPU 执行指令的速度；二是每条指令占用的时间；三是执行指令条数的多少，即用户程序的长度。扫描周期越长，系统的响应速度越慢。现在厂家生产的基型 PLC 的一个扫描周期大约为 10ms。这对于一般的控制系统来说完全是允许的，不但不会造成影响，反而可以增强系统的抗干扰能力，这是因为输入采样仅在输入刷新阶段进行。PLC 在一个工作周期的大部分时间里实际上是与外设隔离的，而工业现场的干扰常常是脉冲式的、短期的，由于系统响应慢，往往要几个扫描周期才响应一次，多次扫描因瞬时干扰而引起的误动作将会大大减少，从而提高了系统的抗干扰能力。但是对控制时间要求较严格、响应速度要求较快的系统，就需要精心编制程序，必要时还需要采取一些特殊功能，以减少因扫描周期造成的响应带来的不良影响。

4. 可编程序控制器的功能及特点

（1）PLC的功能。①数据采集与输出；②控制功能，包括顺序控制、逻辑控制、定时、计数等；③数据处理功能，包括基本数学运算、比较、对字节的运算、PID运算、滤波等；④输入/输出接口调理功能，具有A/D、D/A转换功能，通过I/O模块完成对模拟量的控制和调节，具有温度、运动等测量接口；⑤通信、联网功能，现代PLC大多数都采用了通信、网络技术，有RS-232或RS-485接口，可进行远程I/O控制，多台PLC可彼此间联网、通信，外部器件与一台或多台可编程序控制器的信号处理单元之间，实现程序和数据交换，如程序转移、数据文档转移、监视和诊断。在系统构成时，可由一台计算机与多台PLC构成"集中管理、分散控制"的分布式控制网络，以便完成较大规模的复杂控制，通常所说的SCADA系统，现场端和远程端也可以采用PLC作现场机；⑥支持人机界面功能，提供操作者以监视机器/过程工作必需的信息。允许操作者和PC系统与其应用程序相互作用，以便作决策和调整，实现工业计算机的分散和集中操作与监视系统；⑦编程、调试等，并且大部分支持在线编程。

（2）PLC的特点。①可靠性高；②结构形式多样，模块化组合灵活；③功能强大；④编程方便，控制具有极大灵活性；⑤适应工业环境；适应高温、振动、冲击和粉尘等恶劣环境以及电磁干扰环境；⑥安装、维修简单；⑦与DCS相比，价格低；⑧当前PLC产品紧跟现场总线的发展潮流。

6.1.3.2　S7-200系列PLC简介

S7-200系列PLC主机（基本单元）的结构形式为整体式结构，如图6-10所示。其主要由主机（基本单元）、I/O扩展单元、功能单元（模块）和外部设备等组成。

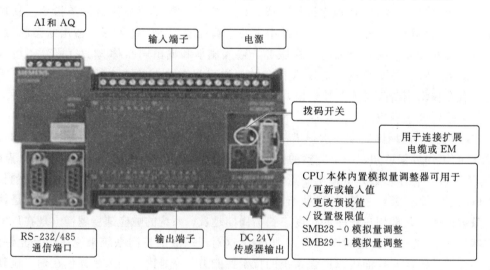

图6-10　S7-200 PLC主机（基本单元）的结构形式

6.1.3.3　CPU224型PLC的结构

主机（基本单元）是PLC系统的控制核心，也是一个最简单的PLC控制系统。S7-200系列PLC的主机型号都是以CPU开头的。S7-200系列PLC有CPU21X和CPU22X两代产品，其中CPU22X型PLC有CPU221、CPU222、CPU224和CPU226四种基本型号。下面就 CPU224 型 PLC 为例，分析小型整体式 PLC 的结构特点。

1. 整体式 PLC 的结构分析

CPU224 主机的结构外形如图 6-11 所示。

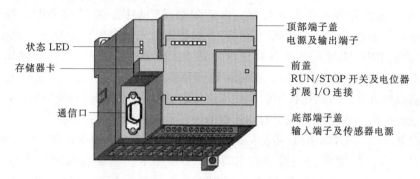

图 6-11 S7-200 系列 CPU 结构

CPU224 主机可独立工作，完成简单的控制功能。主机箱体内部有以微处理器为内核的 PLC 主板，具有完全意义的控制、运算、存储功能。另外，外部设有 RS-485 通信接口，用以连接编程器（手持式或 PC）、文本/图形显示器、PLC 网络等外部设备；还设有工作方式开关、模拟电位器、I/O 扩展接口、工作状态指示和用户程序存储卡，I/O 接线端子排及发光指示等。

2. CPU224 型 PLC 的结构特点

（1）基本单元 I/O。CPU22X 型 PLC 具有两种不同的电源供电电压，输出电路分为继电器输出和晶体管 DC 输出两大类。CPU22X 系列 PLC 可提供 4 个不同型号的多种基本单元供用户选用，其类型及参数见表 6-2。

表 6-2　　　　　　　　　　　CPU22X 系列 PLC 的类型及参数

CPU	类　型	电源电压	输入电压	输出电压	输出电流
CPU221	DC 输入 DC 输出	DC 24V	DC 24V	DC 24V	0.75A 晶体管
	DC 输入 继电器输出	AC 85～264V	DC 24V	DC 24V AC 24～230V	2A，继电器
CPU222 CPU224 CPU226 CPU226XM	DC 输入 DC 输出	DC 24V	DC 24V	DC 24V	0.75A 晶体管
	DC 输入 继电器输出	AC 85～264V	DC 24V	DC 24V AC 24～230V	2A，继电器

（2）高速反应性。CPU22X 型 PLC 可以处理和输出高速脉冲，可以处理普通 I/O 端口无法处理的高速信号，这使得 PLC 系统的功能大大加强。CPU224 PLC 有 6 个高速计数脉冲输入端（I0.0～I0.5），最快的响应速度为 30kHz，用于捕捉比 CPU 扫描周期更快的脉冲信号。CPU224 PLC 有 2 个高速脉冲输出端（Q0.0、Q0.1），输出脉冲频率可达 20kHz。用于 PTO（高速脉冲束）和 PWM（宽度可变脉冲输出）高速脉冲输出。

（3）存储系统。S7-200 系列 PLC CPU 存储器系统由 RAM 和 EEPROM 两种存储器构成，用以存储用户程序、CPU 组态（配置）、程序数据等。当执行程序下载操作时，用户程序、CPU 组态（配置）、程序数据等由编程器送入 RAM 存储器区，并自动复制到 EEPROM 区，永久保存。系统还具有完善的数据保护功能。系统掉电时，系统自动将 RAM 中 M 存储器的内容保存到 EEPROM 存储器。上电恢复时，用户程序及 CPU 组态（配置）自动从 EEPROM 的永久保存区读取到 RAM 中，如果 V 和 M 存储区内容丢失时，EEPROM 永久保存区的数据会复制到 RAM 中去。

　　（4）模拟电位器。可以用模拟电位器来改变它对应的特殊寄存器中的数值，可以即时更改程序运行中的一些参数，如定时和计数的设定值、过程量的控制参数等。

　　（5）存储卡。CPU224 PLC 还支持外扩存储卡，存储卡是用来扩展 PLC 的数据存储资源的器件，也称扩展卡。扩展卡有 EEPROM 存储卡、电池和时钟卡等模块。EEP-ROM 存储模块，用于用户程序的拷贝复制。电池模块，用于长时间保存数据，使用 CPU224 内部存储电容数据存储时间达 190h，而使用电池模块数据存储时间可达 200d。

6.1.3.4　S7-200 系列 PLC 的内部元件

　　PLC 是以微处理器为核心的电子设备。PLC 内部设计了编程使用的各种元器件。PLC 与继电器控制的根本区别在于 PLC 采用的是软器件，以程序实现各器件之间的连接。

　　下面从元器件的功能、存储空间、存储方式、寻址方式等角度，叙述各种元器件的使用方法。

　　CPU22X 系列 PLC 内部的元器件有很多，它们在功能上是相互独立的。在数据存储区为每一种元器件分配一个存储区域。每一种元器件用一组字母表示器件类型，字母加数字表示数据的存储地址。如 I 表示输入映像寄存器（又称输入继电器）；Q 表示输出映像寄存器（输出继电器）；M 表示内部标志位存储器；SM 表示特殊标志位存储器；S 表示顺序控制存储器（又称状态元件）；V 表示变量存储器；L 表示局部存储器；T 表示定时器；C 表示计数器；AI 表示模拟量输入映像寄存器，AQ 表示模拟量输出映像寄存器；AC 表示累加器；HC 表示高速计数器等。下面分别介绍这些内部器件的定义、功能和使用方法。

　　（1）输入/输出映像寄存器（I/Q）。输入/输出映像寄存器包括输入映像寄存器 I 和输出映像寄存器 Q。

　　（2）内部标志位（M）。内部标志位（M）可以按位使用，作为控制继电器（又称中间继电器）用来存储中间操作数或其他控制信息。也可以按字节、字或双字来存取存储区的数据。编址范围 M0.0～M31.7。

　　（3）顺序控制继电器（S）。顺序控制继电器 S 又称状态元件，用来组织机器操作或进入等效程序段工步，以实现顺序控制和步进控制。可以按位、字节、字或双字来存取存储区的数据。编址范围 S0.0～S31.7。

　　（4）变量存储器（V）。变量存储器 V 用以存储运算的中间结果，也可以用来保存工序或任务相关的其他数据，如模拟量控制，数据运算，设置参数等。变量存储器可按位使用，也可按字节、字或双字使用。变量存储器存储空间较大，CPU224 和 CPU226 有

VB0.0～VB5119.7 共 5K 字节的存储空间。

（5）局部存储器（L）。局部存储器（L）和变量存储器（V）很相似，主要区别在于局部存储器（L）是局部有效的，变量存储器（V）则是全局有效。

（6）定时器（T）。PLC 中定时器相当于时间继电器，用于延时控制。S7－200 系列PLC 的 CPU 中的定时器是对内部时钟累计时间增量的设备。定时器用符号 T 和地址编号表示，编址范围 T0～T255(22X)；T0～T127(21X)。定时器的主要参数有定时器预置值，当前计时值和状态位。

（7）计数器（C）。计数器主要用来累计输入脉冲个数。其结构与定时器相似，其设定值（预置值）在程序中赋予，有 1 个 16 位的当前值寄存器和 1 位状态位。当前值寄存器用以累计脉冲个数，计数器当前值大于或等于预置值时，状态位置 1。S7－200 系列PLC 的 CPU 提供有三种类型的计数器，即一种增计数、一种减计数和一种增/减计数。计数器用符号 C 和地址编号表示。

（8）模拟量输入/输出寄存器（AI/AQ）。S7－200 系列 PLC 的模拟量输入电路将外部输入的模拟量（如温度、电压）等转换成 1 个字长（16 位）的数字量，存入模拟量输入映像寄存器区域，可以用区域标志符（AI）、数据长度（W）及字节的起始地址来存取这些值。因为模拟量为 1 个字长，起始地址定义为偶数字节地址，如 AIW0，AIW2，…，AIW62，共有 32 个模拟量输入点。模拟量输入值为只读数据。S7－200 系列 PLC 模拟量输出电路将模拟量输出映像寄存器区域的 1 个字长（16 位）数字值转换为模拟电流或电压输出。可以用标识符（AQ）、数据长度（W）及起始字节地址来设置。

（9）累加器（AC）。累加器是用来暂存数据的寄存器，可以同子程序之间传递参数，以及存储计算结果的中间值。S7－200 系列 PLC 的 CPU 中提供了 4 个 32 位累加器AC0～AC3。累加器支持以字节（B）、字（W）和双字（D）的存取。按字节或字为单位存取时，累加器只使用低 8 位或低 16 位，数据存储长度由所用指令决定。

（10）高速计数器（HC）。CPU 22X PLC 提供了 6 个高速计数器（每个计数器最高频率为 30kHz）用来累计比 CPU 扫描速率更快的事件。高速计数器的当前值为双字长的符号整数，且为只读值。高速计数器的地址由符号 HC 和编号组成，如 HC0、HC1、…、HC5。

（11）特殊标志位存储器（SM）。SM 存储器提供了 CPU 与用户程序之间信息传递的方法，用户可以使用这些特殊标志位提供的信息，SM 控制 S7－200 系列 PLC 的 CPU 的一些特殊功能。

6.1.3.5　S7－200 系列 PLC 的基本指令

S7－200 系列 PLC 具有丰富的指令集，按功能可分为基本逻辑指令、算术与逻辑运算指令、数据处理指令、程序控制指令以及集成功能指令 5 部分。其中，基本逻辑指令、算术与逻辑运算指令、数据处理指令、程序控制指令是在实际编程中经常用到的，统称为基本指令，下面我们就基本指令的功能和用法进行简单的介绍。

（1）基本逻辑指令。基本逻辑指令是指构成基本逻辑运算功能指令的集合，包括基本位操作、置位/复位、边沿触发、定时、计数、比较等逻辑指令。

（2）算术与逻辑运算指令。算术、逻辑运算指令包括算术运算指令和字逻辑运算指令。

（3）数据处理指令。数据处理指令包括数据的传送指令，交换、填充指令以及移位循环指令。

（4）程序控制指令。程序控制类指令用于程序运行状态的控制，S7 - 200 系列 PLC 的程序控制类指令主要包括系统控制、跳转、循环、子程序调用、顺序控制等指令。

任务 6.2　交通信号灯控制系统

知识目标	熟悉 S7 - 200 系列 PLC 基本指令的应用，练习使用其编程软件，了解 PLC 实验装置的组成并掌握电路原理图的设计方法和步骤
技能目标	S7 - 200 系列 PLC 的电气连接、S7 - 200 系列 PLC 的使用、交通信号灯控制电路的连接
使用设备	S7 - 200 系列 PLC 实验台、PC、万用表、导线、螺钉旋具（含一字、十字）、剥线钳、剪线钳、尖嘴钳、电笔、电胶带
实训要求	用 S7 - 200PLC 实现交通路口红、黄、绿灯的基本控制：路口某方向绿灯显示（另一方向亮红灯）10s 后，黄灯以 0.5s 的间隔闪烁 3 次（另一方向亮红灯），然后变为红灯（另一方向绿灯亮、黄灯闪烁），如此循环下去
实训拓展	参考图 6 - 14 利用步进指令编程实现十字路口交通灯的控制
实训报告	报告的格式和主要内容见附录，同时注意对实训拓展作较详细的说明

6.2.1　交通信号灯控制器制作

1. 训练要求

（1）熟练使用 STEP7 - Micro/WIN V4.0 软件进行梯形图的输入、编辑、调试等操作。

（2）掌握用 S7 - 200 系列 PLC 实现交通信号灯控制系统。

2. 操作注意事项

（1）要认真核对 PLC 的电源规格，不同厂商或不同类型的 PLC 使用电源可能大不相同。交流电源要接于专用端子上，如果接在其他端子上会烧坏 PLC。

（2）普通通信线的 RS - 232 端口连接计算机，RS - 485 端口连接 PLC；USB 通信线的 USB 端口连计算机，RS - 485 端口连接 PLC。

（3）在本训练中，PLC 和负载（电灯泡）可共用 220V 交流电源；在实际生产中，为了抑制电源干扰，常用隔离变压器为 PLC 单独供电。

3. 电路原理图

（1）PLC 外部接图。在十字路口上的信号交通灯，每个路口分别设红、黄、绿灯则共有 12 盏灯。从十字路口的交通信号灯示意图可知，在同一方向上两个路口上的同色信号灯是同时亮灭的，如图 6 - 12 所示。因此控制系统的 PLC 的外部接线如图 6 - 13 所示。

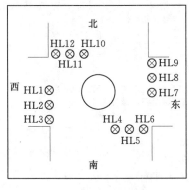

图 6-12　交通灯示意图

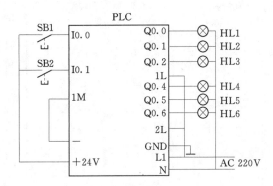

图 6-13　交通灯控制 PLC 电气原理图

（2）I/O 口分配。根据图 6-13 的实际接线，交通灯控制系统的 I/O 分配表 6-3。

表 6-3　　　　　　　　　　　　控制元件及接线端子分配

输　入			输　出		
控制元件	控制功能	端子分配	控制元件	控制功能	端子分配
按钮 SB1	启动按钮	I0.0	HL3（HL9）	东西绿灯	Q0.2
按钮 SB2	停止按钮	I0.1	HL4（HL10）	南北红灯	Q0.3
HL1（HL7）	东西红灯	Q0.0	HL5（HL110）	南北黄灯	Q0.5
HL2（HL8）	东西黄灯	Q0.1	HL6（HL12）	南北绿灯	Q0.6

4. 控制要求

用 S7-200 系列 PLC 实现交通路口红、黄、绿灯的基本控制：按下启动按钮 SB1，路口南北方向绿灯显示（东西方向亮红灯）10s 后，黄灯以 0.5s 的间隔闪烁 3 次，然后变为南北方向变为红灯（东西方向绿灯亮）10s 后，黄灯以 0.5s 的间隔闪烁 3 次，南北方向变为绿灯显示，……，如此循环下去；当按下停止按钮 SB2 后，系统停止工作。

5. 程序设计

根据控制任务和控制要求，结合选择的控制元件和接线端子的分配，编制梯形图程序如图 6-14 所示。

6. 操作步骤

（1）连接 PLC 与计算机。

（2）输入程序。

（3）启动 PLC，按下 SB1，观察运行效果；按下 SB2，观察运行效果。

6.2.2　S7-200 系列 PLC 的定时器和计数器

1. 定时器指令

定时器在可编程控制器中的作用相当于一个时间继电器，它有一个设定值寄存器（字）、一个当前寄存器（字）以及无数个触点（位）。对于每一个定时器，这三个量使用

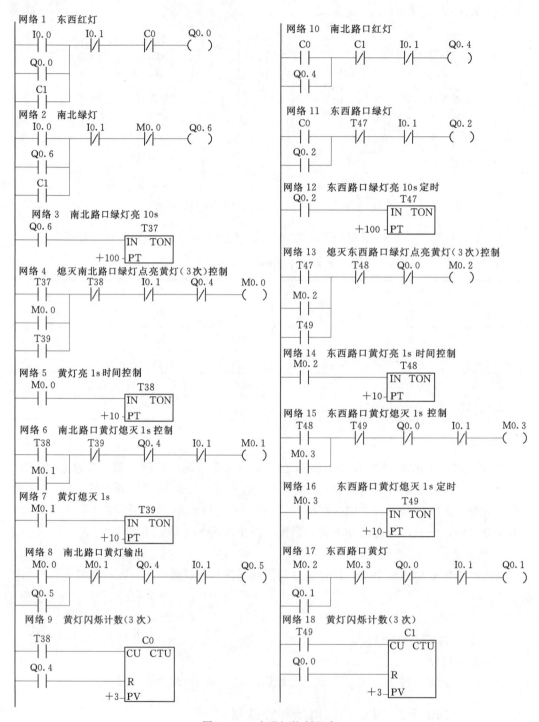

图 6-14　交通灯控制程序

同一名称，但使用场合不一样，其所指也不一样。通常在一个可编程控制器中有几十至数百个定时器，可用于定时操作。

S7－200 系列 PLC 的定时器为增量型定时器，用于实现时间控制。按照工作方式，定时器可分为通电延时型（TON）、有记忆的通电延时型（保持型）（TONR）、断电延时型（TOF）三种类型；按照时基标准，定时器可分为 1ms、10ms、100ms 三种类型。

CPU 22X 系列 PLC 的 256 个定时器分属 TON(TOF) 和 TONR 工作方式，以及三种时基标准。TOF 与 TON 共享同一组定时器，不能重复使用。详细分类方法及定时范围见表 6－4。

表 6－4　　　　　　　　　　　　　定时器工作方式及类型

工作方式	用毫秒（ms）表示的分辨率	用秒（s）表示的最大当前值	定时器号
TONR	1ms	32.767s	T0，T64
	10ms	327.67s	T1～T4，T65～T68
	100ms	3276.7s	T5～T31，T69～T95
TON/TOF	1ms	32.767s	T32，T96
	10ms	327.67s	T33～T36，T97～T100
	100ms	3276.7s	T37～T63，T101～T255

（1）通电延时定时器（TON）。使能端（IN）输入有效时，定时器开始计时，当前值从 0 开始递增，大于或等于预置值（PT）时，定时器输出状态位置 1（输出触点有效），当前值的最大值为 32767。使能端无效（断开）时，定时器复位（当前值清零，输出状态位置 0）。

（2）有记忆通电延时定时器（TONR）。使能端（IN）输入有效时（接通），定时器开始计时，当前值递增，当前值大于或等于预置值（PT）时，输出状态位置 1。使能端输入无效（断开）时，当前值保持（记忆），使能端（IN）再次接通有效时，在原记忆值的基础上递增计时。有记忆通电延时型（TONR）定时器采用线圈的复位指令（R）进行复位操作，当复位线圈有效时，定时器当前值清零，输出状态位置 0。

（3）断电延时型定时器（TOF）。使能端（IN）输入有效时，定时器输出状态位立即置 1，当前值复位（为 0）。使能端（IN）断开时，开始计时，当前值从 0 递增，当前值达到预置值时，定时器状态位复位置 0，并停止计时，当前值保持。

另外，对于 S7－200 系列 PLC 的定时器，时基分别为 1ms、10ms、100ms 定时器的刷新方式是不同的。1ms 时基定时器，每隔 1ms 定时器刷新一次当前值，与扫描周期和程序处理无关。扫描周期较长时，定时器在一个周期内可能多次被刷新，其当前值在一个周期内不一定保持一致。10ms 定时器，在每个扫描周期开始时刷新，在每个扫描周期内，当前值不变。100ms 定时器在该定时器指令执行时被刷新。

2. 计数器指令

计数器利用输入脉冲上升沿累计脉冲个数，S7－200 系列 PLC 有递增计数（CTU）、增/减计数（CTUD）、递减计数（CTD）等三类计数指令。计数器的结构和使用方法与定时器基本相同，主要由预置值寄存器、当前值寄存器、状态位等组成。

计数器的梯形图指令符号为指令盒形式，其指令格式见表 6－5。

表 6 - 5　　　　　　　　　　　　　　　计 数 器 指 令 格 式

LAD			STL	功　能
CU CTU — R — PV	CU CTD — LD — PV	CU CTUD CD — R PV	CTU CTD CTUD	增计数器 减计数器 增/减计数器

梯形图指令符号中 CU 为增 1 计数脉冲输入端；CD 为减 1 计数脉冲输入端；R 为复位脉冲输入端；LD 为减计数器的复位输入端；PV 为计数预置值，最大范围 32767。编程范围 C0～C255。

下面从原理、应用等方面分别叙述增计数指令（CTU）、增/减计数指令（CTUD）、减计数指令（CTD）等三种类型计数指令的应用方法。

（1）增计数指令（CTU）。增计数指令在 CU 端输入脉冲上升沿，计数器的当前值增 1 计数。当前值大于或等于预置值（PV）时，计数器状态位置 1。当前值累加的最大值为 32767。复位输入（R）有效时，计数器状态位复位（置 0），当前计数值清零。

（2）增/减计数指令（CTUD）。增/减计数器有两个脉冲输入端，其中 CU 端用于递增计数，CD 端用于递减计数，执行增/减计数指令时，CU/CD 端的计数脉冲上升沿增 1/减 1 计数。当前值大于或等于计数器预置值（PV）时，计数器状态位置位。复位输入（R）有效或执行复位指令时，计数器状态位复位，当前值清零。达到计数器最大值 32767 后，下一个 CU 输入上升沿将使计数值变为最小值（－32678）。同样达到最小值（－32678）后，下一个 CD 输入上升沿将使计数值变为最大值（32767）。

（3）减计数指令（CTD）。复位输入（LD）有效时，计数器把预置值（PV）装入当前值存储器，计数器状态位复位（置 0）。CD 端每一个输入脉冲上升沿，减计数器的当前值从预置值开始递减计数，当前值等于 0 时，计数器状态位置位（置 1），停止计数。

项目 7　PLC 电动机控制器设计与制作

【教学目标要求】

知识目标： 了解西门子 S7－200 系列 PLC 的结构特点，理解三相异步电动机、伺服电动机的工作原理及电梯的工作原理，掌握西门子 S7－200 系列 PLC 及其编程软件的使用，会用西门子 S7－200 系列 PLC 实现三相异步电动机、伺服电动机的控制及四层电梯的控制，熟悉西门子 S7－200 系列 PLC 梯形图编程的方法。

技能目标： 西门子 S7－200 系列 PLC 的接线、相关低压电器的应用、电气控制电路的故障查询与处理方法、万用表测试元器件或电路的方法，并使用西门子 S7－200 系列 PLC 软件编程实现三相异步电动机、伺服电动机的正反转控制及四层电梯的控制。

任务 7.1　三相异步电动机的正反转控制

知识目标	理解三相异步电动机的工作原理，熟悉西门子 S7－200 系列 PLC 基本指令的应用，练习使用其编程软件
技能目标	西门子 S7－200 系列 PLC 的电气连接、西门子 S7－200 系列 PLC 的使用、三相异步电动机控制电路的连接
使用设备	西门子 S7－200 系列 PLC 实验台、PC、三相异步电动机、万用表、导线、螺钉旋具（含一字、十字）、剥线钳、剪线钳、尖嘴钳、验电器、电胶带
实训要求	合理选择相关元件配置电机 PLC 的硬件接线，并通过软件编程实现三相异步电动机的正反转控制。动作顺序为：按下启动按钮 SB1 电动机正转；按下启动按钮 SB2 电动机反转；按下停止按钮 SB3 电动机停转
实训拓展	增加两个按钮，实现两地控制的电动机正反转控制
实训报告	报告的格式和主要内容见附录，同时注意对实训拓展作较详细的说明

7.1.1　三相异步电动机正反转控制

1. 电路设计

（1）PLC 外部接线图。根据选择的元件及其接线端子分配，画出 PLC 外部接线示意图，然后根据接线示意图连接 PLC 外部电路。电动机 PLC 正反转的控制线路如图 7－1 所示。

（2）I/O 口分配表。根据电动机控制要求及接线图，选择控制元件及分配接线端子。表 7－1 选择的元件及接线端子分配仅供参考。

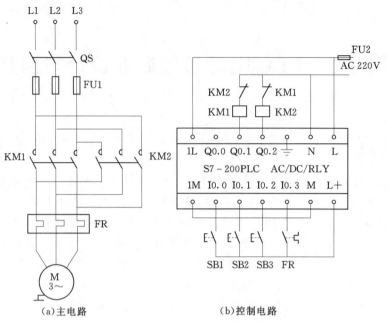

(a)主电路　　　　　　　　　　(b)控制电路

图7-1 电动机PLC正反转的控制线路

表7-1 控制元件及接线端子分配

输 入			输 出		
控制元件	控制功能	端子分配	控制元件	控制功能	端子分配
按钮 SB1	正转	I0.0	接触器 KM1	使 M 正转	Q0.0
按钮 SB2	反转	I0.1	接触器 KM2	使 M 反转	Q0.1
按钮 SB3	停止按钮	I0.2			

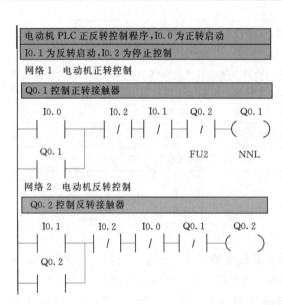

图7-2 电动机PLC正反转控制程序

2.程序设计

根据控制任务和要求,结合选择的控制元件和接线端子的分配,编制梯形图程序。

参考梯形图程序如图7-2所示。编制该梯形图程序的基本思路是:首先用按钮 SB1 驱动输入继电器 I0.0,其常开触点 I0.0 闭合驱动输出继电器 Q0.0,使电动机 M 正转。输出继电器被驱动后,其中一个常开触点闭合自锁,另一个常开触点断开对输出继电器 Q0.1 互锁。

按下按钮 SB2 驱动输入继电器 I0.1,其常开触点 I0.1 闭合驱动输出继电器 Q0.1,使电动机 M 反转。输出继电器被驱动后,其中一个常开触点闭合自锁,另一个常开触点断开对输出继电器 Q0.0 互锁。

按下正常停止按钮 SB3，输入继电器 I0.2 被驱动，其动断触点断开，使电动机 M 停止转动。

3. 电动机的多地控制系统

电动机的多地控制是指能在两地或多地控制同一台电动机的控制方式。在继电器控制中要实现两地控制只要将两地的启动按钮并联在一起，停止按钮串联在一起。这样就可以分别在甲、乙两地起、停同一台电动机，达到操作方便的目的。其电气原理图如图 7-3 所示。

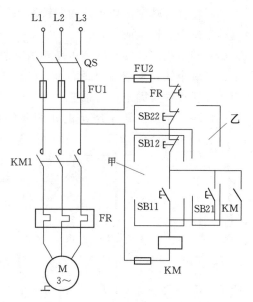

图 7-3　电动机多地操作电气原理图

7.1.2　三相异步电动机的结构与应用

1. 三相异步电动机的基本结构和接线

异步电动机主要由固定不动的定子和旋转的转子两大部分组成，定子与转子之间有气隙，图 7-4 为笼型异步电动机拆开后的结构。

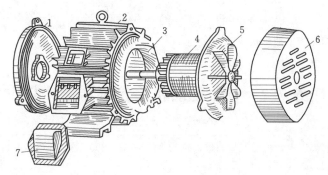

图 7-4　三相异步电动机的结构

1—端盖；2—定子；3—定子绕组；4—转子；5—风扇；6—风扇罩；7—接线盒盖

（1）定子。定子主要由定子铁芯、定子绕组和机座三部分组成。

1）机座。机座是电动机的外壳，支撑电动机各个部件，承受和传递转矩，还能形成电动机冷却风路的一部分或作为电动机的散热面。

2）定子铁芯。定子铁芯由 0.35mm 或 0.5mm 厚的硅钢片叠成，其作用是形成磁路的一部分，并起固定定子绕组的作用。

3）定子绕组。定子绕组是异步电动机的电路部分，由多个线圈按一定规律连接而成。为保证其机械强度和导电性能，其材料主要采用纯铜。一般情况下，三相异步电动机三相绕组的 6 个出线端子均接在机座侧面的接线板上，可以根据需要将三相绕组接成 Y 形（星形）或△形（三角形）连接。

（2）转子。转子主要由转轴、转子铁芯和转子绕组三部分组成。

（3）转轴。转轴的作用是固定铁芯和传递机械功率。为保证其强度和刚度、转轴一般由低碳钢或合金钢制成。

（4）转子铁芯。转子铁芯也是异步电动机磁路的一部分，用来固定转子绕组。

为了减小铁耗和增强导磁能力，转子铁芯也由 0.35mm 或 0.5mm 厚的硅钢片冲制叠压而成。转子铁芯固定在转轴上（或转子支架上），其外圆上开有槽，用来嵌放转子绕组。

（5）转子绕组。转子绕组的作用是感应电动势，形成转子绕组电流并产生电磁转矩。在转子铁芯的每一个槽中，插有一根裸铜或铝导条，并在转子铁芯两端槽口外用两个端环将全部导条短接，形成一个自身闭合的多相绕组。

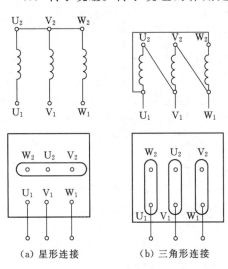

（a）星形连接　　　（b）三角形连接

图 7-5　三相异步电动机接线图

2. 异步电动机的接线

三相异步电动机的接线方法指三相异步电动机的定子绕组外部接线，有 Y 连接和 △ 连接两种，使用时应按铭牌规定连接。国产 Y 系列的异步电动机，额定功率 4kW 及以上的均采用 △ 接线，以便于采用 Y - △ 降压启动。异步电动机三相绕组共 6 个首尾端都引入到电动机机座的接线盒中，首端用 U_1、V_1、W_1 标志，尾端用 U_2、V_2、W_2 标志。星形、三角形连接图如图 7 - 5 所示。

任务 7.2　伺服电动机的控制器设计制作

知识目标	理解伺服电动机的工作原理，熟悉西门子 S7 - 200 系列 PLC 基本指令的应用，练习使用其编程软件
技能目标	西门子 S7 - 200 系列 PLC 的电气连接、西门子 S7 - 200 系列 PLC 的使用、伺服电动机控制电路的连接
使用设备	西门子 S7 - 200 系列 PLC 实验台、PC、伺服电动机、万用表、导线、螺钉丝刀（含一字、十字）、剥线钳、剪线钳、尖嘴钳、验电器、电胶带
实训要求	合理选择相关元件配置电机 PLC 的硬件接线，并通过软件编程实现伺服电动机的正、反转控制
实训拓展	利用 PLC 编程实现直流电动机正、反转控制。直流电动机控制单元设有一些开关：①启动/停止开关——控制伺服电动机启动或停止；②正转/反转开关——控制伺服电动机正转或反转；③速度开关——可调节直流电机的速度
实训报告	报告的格式和主要内容见附录，同时注意对实训拓展作较详细的说明

7.2.1　交流伺服电动机 PLC 控制指导

1. 电路设计

（1）电路接线图。PLC 控制交流伺服电动机电路接线如图 7-6 所示。

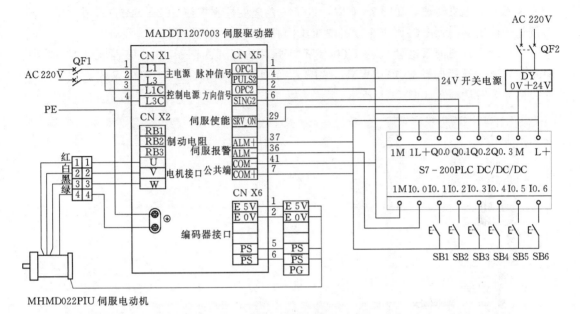

图 7-6　PLC 控制交流伺服电动机接线图

（2）I/O 分配表。根据图 7-6 可知，交流伺服电动机 PLC 控制的 I/O 口分配表见表 7-2。

表 7-2　伺服电动机控制的 I/O 分配表

I/O 口		说　明	I/O 口	说　明
SB1	I0.1	正反转按钮	Q0.0	伺服控制脉冲信号
SB2	I0.2	速度 1 档	Q0.1	伺服控制方向信号
SB2	I0.3	速度 2 档	Q0.2	伺服控制使能信号
SB4	I0.4	速度 3 档		
SB5	I0.5	启动按钮		
SB6	I0.6	停止按钮		
ALM	I0.0	伺服报警		

2. 程序设计

根据交流伺服电动机驱动器的说明书，交流伺服电动机的正反转及速度控制需要提供 3 个信号：①脉冲信号，伺服电动机根据脉冲信号数转过相应的角度，信号取自 PLC 的 Q0.0 端口输出的高速脉冲；②方向信号，有方向信号为正转，无方向信号为反转，驱动器通过改变电动机电源相序来实现，信号取自 PLC 的 Q0.1 端口；③伺服使能信号，启动驱动器开始工作并将电源输出至电动机三相绕圈，信号取自 PLC 的 Q0.2 端口。

为了及时检测驱动器工作是否正常，还需将伺服驱动器的报警信号输出至 PLC 的输入端 I0.0，当此信号停止信号 I0.6 送至 PLC 时，PLC 要立即停止输出控制信号。此外，为实现不同的电机转速，在图 7-6 中，设了三档速度控制控钮 SB2～SB4，通过按下不同的按钮，输出不同频率的脉冲信号实现交流伺服电动机的转速控制。

（1）设置控制伺服电动机的 PTO/PWM 脉冲。打开西门子 PLC 编程软件 STEP7-Micro/WIN，选择向导 PTO/PWM，如图 7-7 所示；双击打开 PTO/PWM 出现"脉冲输出向导"对话框，如图 7-8 所示。

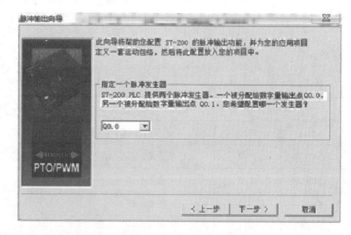

图 7-7　选择 PTO/PWM　　　　　　　　图 7-8　设置 PTO/PWM

（2）设置运动包络。在"脉冲输出向导"对话框，连续点击 4 次下一步，出现"运动包络定义"对话框，如图 7-9 所示；点击"新包络"按钮，为包络 0 的选择操作模式为：单速连续旋转。设置步 0 的目标速度为 6000。按照如上方法再新增包络 1，目标速度为8000；包络 2，目标速度为 10000。设置完 3 个包络，点击"完成"按钮。

（3）根据控制要求设计控制程序。设计的交流伺服电动机 PLC 控制程序如图 7-10所示。

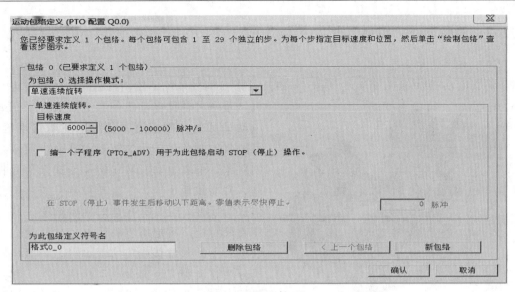

图 7-9　设置包络

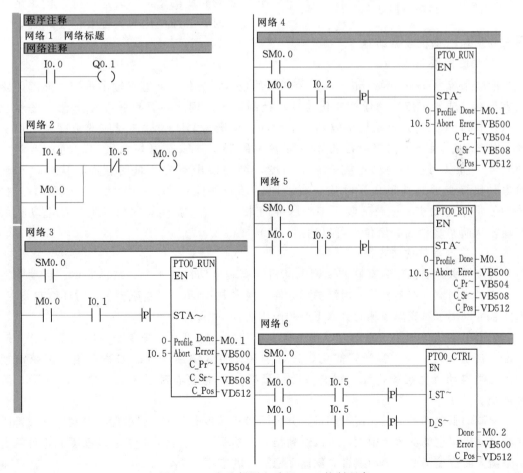

图 7-10　交流伺服电动机 PLC 控制程序

7.2.2　伺服电动机控制原理

1. 交流伺服电动机的工作原理

伺服电动机（servo motor）（图 7-11）是指在伺服系统中控制机械元件运转的电动机，是一种辅助电动机间接变速装置。伺服电动机可使控制速度，位置精度非常准确，可以将控制信号转化为转矩和转速以驱动控制对象。伺服电动机转子转速受输入信号控制，并能快速反应，在自动控制系统中，用作执行元件，且具有机电时间常数小、线性度高等特性，可把所收到的电信号转换成电动机轴上的角位移或角速度输出。伺服电动机分为直流和交流伺服电动机两大类。其主要特点是，当信号电压为零时无自转现象，转速随着转矩的增加而匀速下降。伺服电动机使用时，必须使用与其配套的驱动器，否则容易损坏电动机或驱动器。

图 7-11　交流伺服电动机及驱动器

2. 伺服系统

伺服系统（servo mechanism）是使物体的位置、方位、状态等输出被控量能够跟随输入目标（或给定值）的任意变化的自动控制系统。伺服主要靠脉冲来定位，基本上可以这样理解：伺服电动机接收到 1 个脉冲，就会旋转 1 个脉冲对应的角度，从而实现位移控制。因为，伺服电动机本身配备编码器，其能发出与电机轴转动角度对应的脉冲，所以伺服电动机每旋转一个角度，都会发出对应数量的脉冲，这样，和伺服电动机接受的脉冲形成了呼应，或者叫闭环，如此一来，系统就会知道发了多少脉冲给伺服电动机，同时又收了多少脉冲回来。这样，就能够很精确地控制电动机的转动，从而实现精确的定位，可以达到 0.001mm。

3. 伺服电动机的结构特点

直流伺服电动机分为有刷和无刷电动机。有刷电动机成本低、结构简单、启动转矩大、调速范围宽、控制容易，但维护不方便（换电刷），易产生电磁干扰，对环境有要求。因此它可以用于对成本敏感的普通工业和民用场合。

无刷电动机体积小、重量轻、出力大、响应快、速度高、惯量小、转动平滑、力矩稳定。控制复杂，容易实现智能化，其电子换相方式灵活，可以方波换相或正弦波换相。这类电动机免维护，效率很高，运行温度低，电磁辐射很小，寿命长，可用于各种环境。

交流伺服电动机也是无刷电动机，分为同步和异步电动机。目前运动控制中一般都用同步电动机，它的功率范围大，可以做到很大的功率。大惯量，最高转动速度低，且随着功率增大而快速降低。因而适合做低速平稳运行的应用。

伺服电动机内部的转子有永久磁铁，驱动器控制的 U/V/W 三相电形成电磁场，转子在此磁场的作用下转动，同时电动机自带的编码器反馈信号给驱动器，驱动器根据编码器反馈值与目标值进行比较，调整转子转动的角度。伺服电动机的精度决定于编码器的精度（线数）。

伺服电动机单元设有一些开关，其功能如下：

（1）启动/停止开关——控制伺服电动机启动或停止。

（2）正转/反转开关——控制伺服电动机正转或反转。

（3）速度开关——控制伺服电动机连续运转。其中，速度 Ⅰ 的速度为 0（此状态为单步状态），速度 Ⅱ 的速度为 60r/min（脉冲周期为 6000ms），速度 Ⅲ 的速度为 80r/min（脉冲周期为 8000ms），速度 Ⅳ 的速度为 100r/min（脉冲周期为 10000ms）。

（4）单步按钮开关，当速度开关置于速度 Ⅰ 挡时，按一下单步按钮，电动机运行一步。

交流伺服电动机和无刷直流伺服电动机在功能上的区别：交流伺服电动机因为是正弦波控制，转矩脉动小。直流伺服电动机是梯形波控制，但直流伺服比较简单，便宜。

任务 7.3　四层电梯 PLC 控制的设计与安装调试

知识目标	了解西门子 S7 - 200 系列 PLC 的结构特点，理解电梯的工作原理，掌握西门子 S7 - 200 系列 PLC 及其编程软件的使用，会用西门子 S7 - 200 系列 PLC 实现四层电梯的控制，进一步熟练使用梯形图编程的方法，理解三相异步电动机的工作原理，熟悉西门子 S7 - 200 系列 PLC 基本指令的应用，练习使用其编程软件
技能目标	西门子 S7 - 200 系列 PLC 的接线、相关低压电器的应用、电气控制电路的故障查询与处理方法、万用表测试元件或电路的方法，并使用西门子 S7 - 200 系列 PLC 软件编程实现四层电梯的控制
使用设备	西门子 S7 - 200 系列 PLC 实验台、PC、三相异步交流电机、万用表、导线、螺钉旋具（含一字、十字）、剥线钳、剪线钳、尖嘴钳、验电器、电胶带
实训任务	合理选择相关元件配置电机 PLC 的硬件接线，设计四层电梯 PLC 控制系统，电梯控制系统的功能为：轿厢内能开门、关门、呼叫，到达指定楼层能自动开/关门，能自动判断电梯运行方向，轿厢外有相应的呼叫指示（包括上、下）及显示
实训报告	报告的格式和主要内容见附录

7.3.1　四层电梯控制系统操作指导

电梯是一种和我们的日常生产、生活紧密联系的机电一体化产品。由于 PLC 自身的特点，目前简易电梯的控制可采用 PLC 控制。通过本任务的学习，除了能够了解电梯的一般控制原理，还能够熟悉电梯控制电路的连接技术与方法，还能更进一步地理解机与电的有机结合。

1. 电路设计

（1）PLC 外部接线图。根据电梯控制要求，可知其输入需要 28 个点，输出需要 25 个点，具体接线时可参照 I/O 分配表进行，见表 7 - 3。

表 7 - 3 I/O 分 配 表

序号	名　称	输入	元件	序号	名　称	输出	元件
1	下1楼减速信号	I0.0	SQ5	25	电机正转	Q0.0	KA1
2	上2楼减速信号	I0.1	SQ6	26	电机反转	Q0.1	KA2
3	下2楼减速信号	I0.2	SQ7	27	1楼数码管显示	Q0.2	KA3
4	上3楼减速信号	I0.3	SQ8	28	2楼数码管显示	Q0.3	KA4
5	下3楼减速信号	I0.4	SQ9	29	刹车装置启停	Q0.4	KM1
6	上4楼减速信号	I0.5	SQ10	30	门电机正转	Q0.5	KM2
7	开门限位	I0.6	SQ11	31	门电机反转	Q0.6	KM3
8	关门限位	I0.7	SQ12	32	3楼数码管显示	Q0.7	KM4
9	一楼平层	I1.0	SQ1	33	4楼数码管显示	Q1.0	KM5
10	二楼平层	I1.1	SQ2	34	一楼上行指示灯	Q1.1	HL1
11	三楼平层	I1.2	SQ3	35	二楼下行指示灯	Q1.2	HL2
12	四楼平层	I1.3	SQ4	36	二楼上行指示灯	Q1.3	HL3
13	一楼上行按钮	I1.4	SB5	37	三楼下行指示灯	Q1.4	HL4
14	二楼下行按钮	I1.5	SB6	38	三楼上行指示灯	Q1.5	HL5
15	二楼上行按钮	I1.6	SB7	39	四楼下行指示灯	Q1.6	HL6
16	三楼下行按钮	I1.7	SB8	40	单片机电源通断	Q1.7	单片机
17	三楼上行按钮	I2.0	SB9	41	内呼一楼指示灯	M7.3	
18	四楼下行按钮	I2.1	SB10	42	内呼二楼指示灯	M7.2	
19	内呼一楼按钮	I2.2	SB1	43	内呼三楼指示灯	M7.1	
20	内呼二楼按钮	I2.3	SB2	44	内呼四楼指示灯	M7.0	
21	内呼三楼按钮	I2.4	SB3				
22	内呼四楼按钮	I2.5	SB4				
23	开门按钮	I2.6	SB11				
24	关门按钮	I2.7	SB12				

（2）PLC的选型。根据四层电梯控制要求分析可知，系统至少需要 24 个输入点，16 个输出点，因此可选择西门子 S7 - 200 系列 CPU226 的 PLC 主机，其具有输入 24 点和输出 16 点，满足系统设计需要。

2. 四层简易电梯程序设计

根据电梯的控制功能要求，其应是一个较为复杂的控制系统，为了便于学习，本例将把四层简易电梯控制系统按其具体功能分成 8 大程序段来表述。

（1）电梯内呼叫信号的保存、消除与指示。电梯在运行时，随时都有可能有内呼叫信号，这时需要把这些信号保存下来，并显示。当运行到所呼的楼层时，对应的信号要消除。

在该程序中，SB1～SB4 分别为电梯内 1～4 层内呼叫按钮，对应的输入继电器为 I2.1～I2.5；M7.3～M7.0 为 1～4 层内呼叫信号的指示；SQ1～SQ4 为 1～4 层的楼层位置开关，对应的输入继电器为 I1.0～I1.3。程序中，内呼叫信号为按钮，所以采用了自锁原理对其呼叫信号进行了登记和指示，而当到达对应楼层时，用对应的楼层位置开关来消除该呼叫信号。

（2）电梯外呼叫信号的保存、消除与指示。电梯外有 1～3 层上楼呼叫按钮 SB5、SB7、SB9；有 4～2 层下楼呼叫按钮 SB6、SB8、SB10。电梯外呼叫信号的保存、消除与指示与内呼叫的程序相似，同样采用自锁原理来保存与指示。

（3）电梯选层信号的登记。电梯运行过程中，如果在某层楼有内呼叫信号或外呼叫信号，则必须将这些信号保存形成选层信号，以便当电梯运行到对应楼层时，能响应其呼叫。

（4）电梯到达楼层显示。电梯运行过程中，运行到指定楼层位置时，对应的楼层位置继电器进行登记，以便显示。如当电梯运行到 2 层时，碰到 2 层楼层位置开关 SQ2，I1.1 为 ON，对 2 层位置进行登记，然后，通过 Q0.3 驱动八段码显示器显示到达楼层为 2 层；当电梯从 2 层上行（或下行）时，到达 3 层（或 1 层）时，必须碰到 3 层（或 1 层）楼层位置开关 SQ8（或 SQ5），使得 I0.0（或 I0.3）为 ON，对应的常闭触点断开，从而消除了 2 层信号的登记。

（5）电梯定向控制。电梯的运行为上行和下行两种相反的运行方向，因此根据控制要求形成对应的定向信号与对应的运行方向指示。

（6）电梯变速与运行控制。电梯升降是由 PLC 控制变频器驱动电动机拖动的，上行由继电器 Q0.0 驱动，下行由 Q0.1 驱动。开始运行时为快速运行，当电梯运行接近应到达楼层时，使电机减速运行，以便电梯能平稳停车。

（7）程序设计。

1）参考主程序如下。

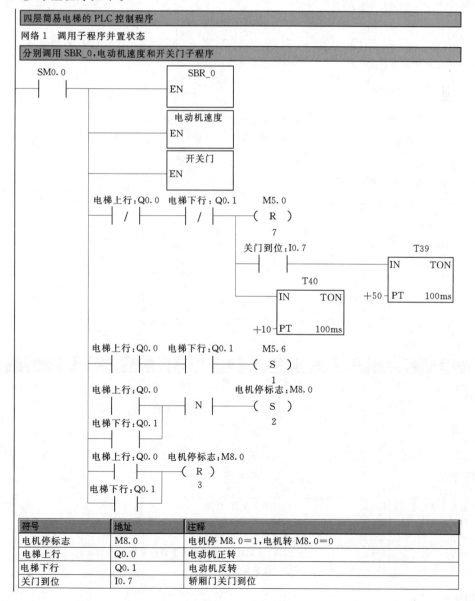

符号	地址	注释
电机停标志	M8.0	电机停 M8.0＝1，电机转 M8.0＝0
电梯上行	Q0.0	电动机正转
电梯下行	Q0.1	电动机反转
关门到位	I0.7	轿厢门关门到位

网络 2　电梯下行控制

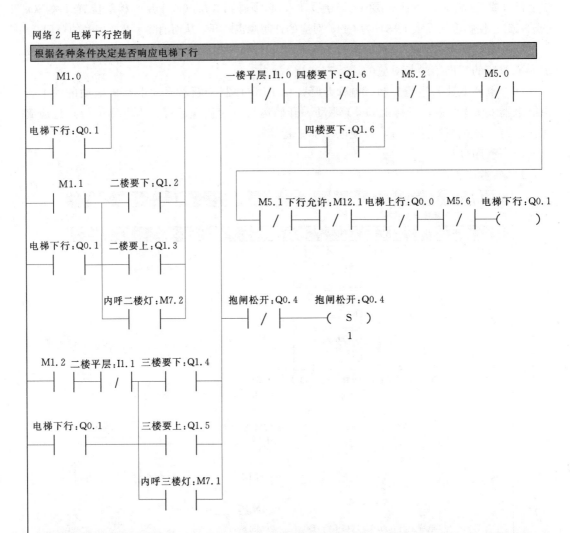

符号	地址	注释
抱闸松开	Q0.4	电梯抱闸松开允许电梯升降
电梯上行	Q0.0	电动机正转
电梯下行	Q0.1	电动机反转
二楼平层	I1.1	到达二楼位置信号
二楼要上	Q1.3	二楼呼叫了上行,灯亮
二楼要下	Q1.2	二楼呼叫了下行,灯亮
内呼二楼灯	M7.2	内呼了二楼,灯亮
内呼三楼灯	M7.1	内呼了三楼,灯亮
三楼要上	Q1.5	三楼呼叫了上行,灯亮
三楼要下	Q1.4	三楼呼叫了下行,灯亮
四楼要下	Q1.6	四楼呼叫了下行,灯亮
下行允许	M12.1	到四楼,或到二、三楼且没有上呼信号为0,允许下行
一楼平层	I1.0	到达一楼位置信号

网络 3　电梯上行控制

根据各种条件决定是否响应电梯上行

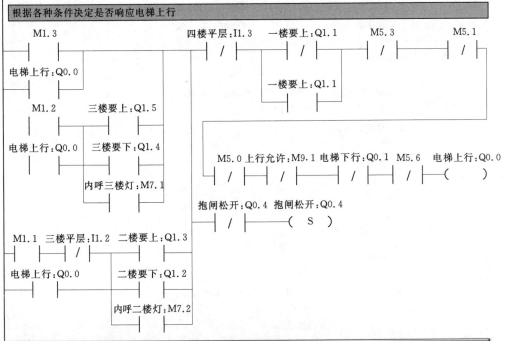

符号	地址	注释
抱闸松开	Q0.4	电梯抱闸松开允许电梯升降
电梯上行	Q0.0	电动机正转
电梯下行	Q0.1	电动机反转
二楼要上	Q1.3	二楼呼叫了上行,灯亮
二楼要下	Q1.2	二楼呼叫了下行,灯亮
内呼二楼灯	M7.2	内呼了二楼,灯亮
内呼三楼灯	M7.1	内呼了三楼,灯亮
三楼平层	I1.2	到达三楼位置信号
三楼要上	Q1.5	三楼呼叫了上行,灯亮
三楼要下	Q1.4	三楼呼叫了下行,灯亮
上行允许	M9.1	到一楼,或到二、三楼且没有下呼信号为 0,允许上行
四楼平层	I1.3	到达四楼位置信号
一楼要上	Q1.1	一楼呼叫了上行,灯亮

网络 4　楼层显示单片机电源控制

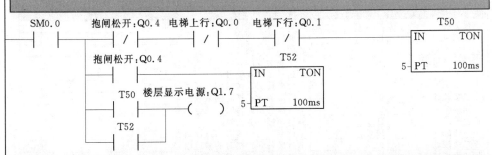

符号	地址	注释
抱闸松开	Q0.4	电梯抱闸松开允许电梯升降
电梯上行	Q0.0	电动机正转
电梯下行	Q0.1	电动机反转
楼层显示电源	Q1.7	楼层显示数码管的单片机电源

网络5 数码管显示楼层数控制

根据轿厢所处的不同楼层输出不同的信号,通过单片机在数码管上显示不同的层数。

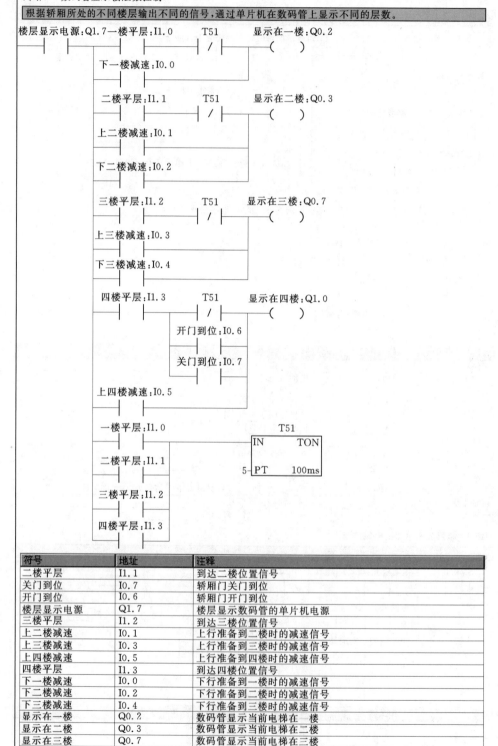

符号	地址	注释
二楼平层	I1.1	到达二楼位置信号
关门到位	I0.7	轿厢门关门到位
开门到位	I0.6	轿厢门开门到位
楼层显示电源	Q1.7	楼层显示数码管的单片机电源
三楼平层	I1.2	到达三楼位置信号
上二楼减速	I0.1	上行准备到二楼时的减速信号
上三楼减速	I0.3	上行准备到三楼时的减速信号
上四楼减速	I0.5	上行准备到四楼时的减速信号
四楼平层	I1.3	到达四楼位置信号
下一楼减速	I0.0	下行准备到一楼时的减速信号
下二楼减速	I0.2	下行准备到二楼时的减速信号
下三楼减速	I0.4	下行准备到三楼时的减速信号
显示在一楼	Q0.2	数码管显示当前电梯在一楼
显示在二楼	Q0.3	数码管显示当前电梯在二楼
显示在三楼	Q0.7	数码管显示当前电梯在三楼
显示在四楼	Q1.0	数码管显示当前电梯在四楼
一楼平层	I1.0	到达一楼位置信号

2）子程序 SBR _ 0 如下。

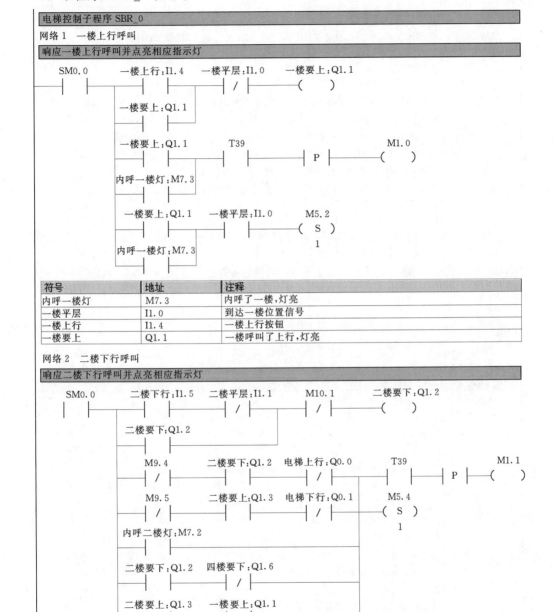

电梯控制子程序 SBR_0

网络 1 一楼上行呼叫

响应一楼上行呼叫并点亮相应指示灯

符号	地址	注释
内呼一楼灯	M7.3	内呼了一楼,灯亮
一楼平层	I1.0	到达一楼位置信号
一楼上行	I1.4	一楼上行按钮
一楼要上	Q1.1	一楼呼叫了上行,灯亮

网络 2 二楼下行呼叫

响应二楼下行呼叫并点亮相应指示灯

符号	地址	注释
电梯上行	Q0.0	电动机正转
电梯下行	Q0.1	电动机反转
二楼平层	I1.1	到达二楼位置信息
二楼下行	I1.5	二楼下行按钮
二楼要上	Q1.3	二楼呼叫了上行,灯亮
二楼要下	Q1.2	二楼呼叫了下行,灯亮
内呼二楼灯	M7.2	内呼了二楼,灯亮
四楼要下	Q1.6	四楼呼叫了下行,灯亮
一楼要上	Q1.1	一楼呼叫了上行,灯亮

网络3　二楼上行呼叫

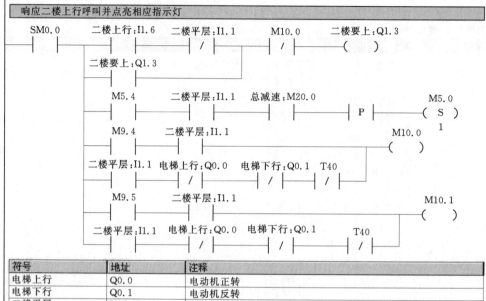

符号	地址	注释
电梯上行	Q0.0	电动机正转
电梯下行	Q0.1	电动机反转
二楼平层	I1.1	到达二楼位置信号
二楼上行	I1.6	二楼上行按钮
二楼要上	Q1.3	二楼呼叫了上行,灯亮
总减速	M20.0	总减速标志位

网络4　三楼下行呼叫

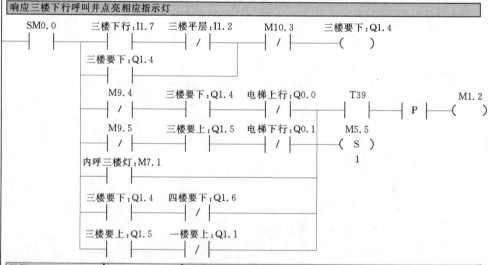

符号	地址	注释
电梯上行	Q0.0	电动机正转
电梯下行	Q0.1	电动机反转
内呼三楼灯	M7.1	内呼了三楼,灯亮
三楼平层	I1.2	到达三楼位置信号
三楼下行	I1.7	三楼下行按钮
三楼要上	Q1.5	二楼呼叫了上行,灯亮
三楼要下	Q1.4	三楼呼叫了下行,灯亮
四楼要下	Q1.6	四楼呼叫了下行,灯亮
一楼要上	Q1.1	一楼呼叫了上行,灯亮

网络5　三楼上行呼叫

响应三楼上行呼叫并点亮相应指示灯

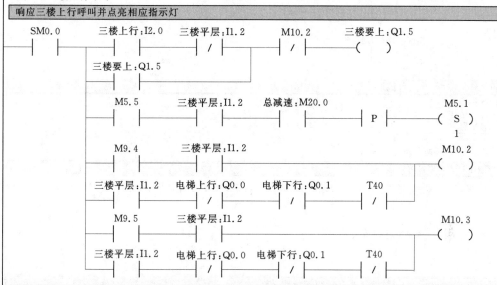

符号	地址	注释
电梯上行	Q0.0	电动机正转
电梯下行	Q0.1	电动机反转
三楼平层	I1.2	到达三楼位置信号
三楼上行	I2.0	三楼上行按钮
三楼要上	Q1.5	三楼呼叫了上行,灯亮
总减速	M20.0	总减速标志位

网络6　四楼下行呼叫

响应四楼下行呼叫并点亮相应指示灯

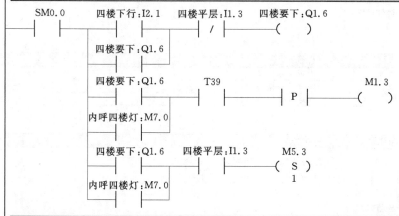

符号	地址	注释
内呼四楼灯	M7.0	内呼了四楼,灯亮
四楼平层	I1.3	到达四楼位置信号
四楼下行	I2.1	四楼下行按钮
四楼要下	Q1.6	四楼呼叫了下行,灯亮

网络 7　厢内呼叫一楼

轿厢内呼叫到一楼的响应处理

符号	地址	注释
内呼一楼	I2.2	内呼一楼按钮
内呼一楼灯	M7.3	内呼了一楼,灯亮
一楼平层	I1.0	到达一楼位置信号

网络 8　厢内呼叫二楼

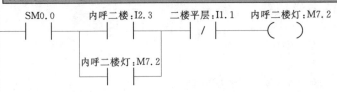

轿厢内呼叫到二楼的响应处理

符号	地址	注释
二楼平层	I1.1	到达二楼位置信息
内呼二楼	I2.3	内呼二楼按钮
内呼二楼灯	M7.2	内呼了二楼,灯亮

网络 9　厢内呼叫三楼

轿厢内呼叫到三楼的响应处理

符号	地址	注释
内呼三楼	I2.4	内呼三楼按钮
内呼三楼灯	M7.1	内呼了三楼,灯亮
三楼平层	I1.2	到达三楼位置信息

网络 10　厢内呼叫四楼

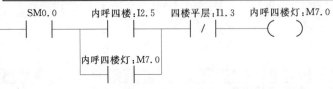

轿厢内呼叫到四楼的响应处理

符号	地址	注释
内呼四楼	I2.5	内呼四楼按钮
内呼四楼灯	M7.0	内呼了四楼,灯亮
四楼平层	I1.3	到达四楼位置信息

网络 11　电梯上下行允许判断

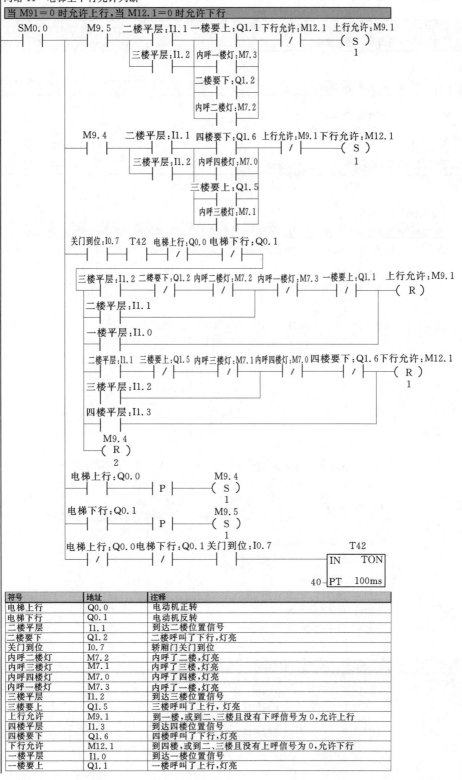

符号	地址	注释
电梯上行	Q0.0	电动机正转
电梯下行	Q0.1	电动机反转
二楼平层	I1.1	到达二楼位置信号
二楼要下	Q1.2	二楼呼叫了下行,灯亮
关门到位	I0.7	轿厢门关门到位
内呼二楼灯	M7.2	内呼了二楼,灯亮
内呼三楼灯	M7.1	内呼了三楼,灯亮
内呼四楼灯	M7.0	内呼了四楼,灯亮
内呼一楼灯	M7.3	内呼了一楼,灯亮
三楼平层	I1.2	到达三楼位置信号
三楼要上	Q1.5	三楼呼叫了上行,灯亮
上行允许	M9.1	到一楼,或到二、三楼且没有下呼信号为 0,允许上行
四楼平层	I1.3	到达四楼位置信号
四楼要下	Q1.6	四楼呼叫了下行,灯亮
下行允许	M12.1	到四楼,或到二、三楼且没有上呼信号为 0,允许下行
一楼平层	I1.0	到达一楼位置信号
一楼要上	Q1.1	一楼呼叫了上行,灯亮

161

3）电梯电动机速度子程序如下。

电梯升降速度控制。通过 PLC 的 D/A 转换模块输出 4.20mA 电流到变频器从而控制变频器输出频率实现对电动机转速，即电梯升降速度的控制。

网络 1 初始化

初次开机时，将减速标记 M2.0 清零。

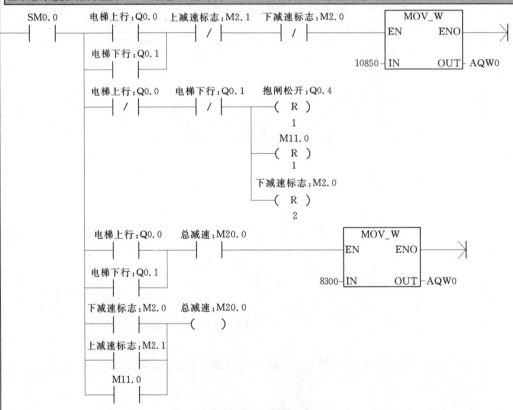

符号	地址	注释
下减速标志	M2.0	下行到减速位置时置标志位

网络 2 电梯升降速度切换

正常运行速度的数字值为 10850，减速时的数字为 8300，D/A 转换后控制变频器输出的频率。

符号	地址	注释
抱闸松开	Q0.4	电梯抱闸松开允许电梯升降
电梯上行	Q0.0	电动机正转
电梯下行	Q0.1	电动机反转
上减速标志	M2.1	上行到减速位置时置标志位
下减速标志	M2.0	下行到减速位置时置标志位
总减速	M20.0	总减速标志位

网络 3　减速判断

根据现场运行及位置信号,判断是否要进行减速。

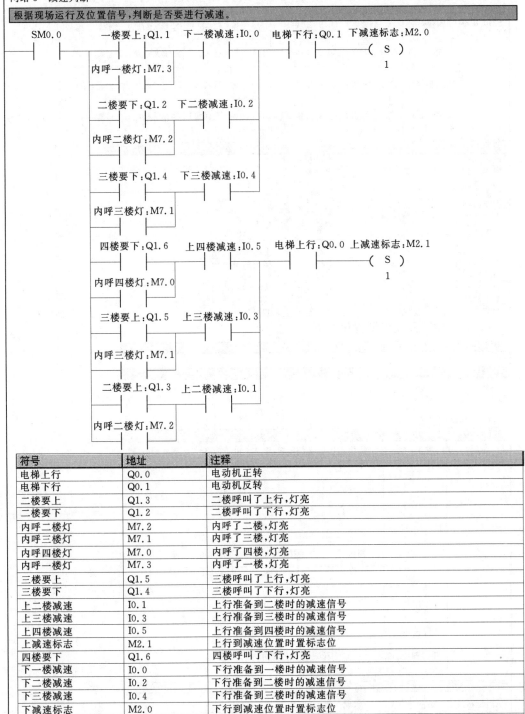

符号	地址	注释
电梯上行	Q0.0	电动机正转
电梯下行	Q0.1	电动机反转
二楼要上	Q1.3	二楼呼叫了上行,灯亮
二楼要下	Q1.2	二楼呼叫了下行,灯亮
内呼二楼灯	M7.2	内呼了二楼,灯亮
内呼三楼灯	M7.1	内呼了三楼,灯亮
内呼四楼灯	M7.0	内呼了四楼,灯亮
内呼一楼灯	M7.3	内呼了一楼,灯亮
三楼要上	Q1.5	三楼呼叫了上行,灯亮
三楼要下	Q1.4	三楼呼叫了下行,灯亮
上二楼减速	I0.1	上行准备到二楼时的减速信号
上三楼减速	I0.3	上行准备到三楼时的减速信号
上四楼减速	I0.5	上行准备到四楼时的减速信号
上减速标志	M2.1	上行到减速位置时置标志位
四楼要下	Q1.6	四楼呼叫了下行,灯亮
下一楼减速	I0.0	下行准备到一楼时的减速信号
下二楼减速	I0.2	下行准备到二楼时的减速信号
下三楼减速	I0.4	下行准备到三楼时的减速信号
下减速标志	M2.0	下行到减速位置时置标志位
一楼要上	Q1.1	一楼呼叫了上行,灯亮

网络4 根据呼叫及当前运行状态判断是否要减速

如第一行,四楼没有呼叫下,三楼也没呼叫上,但二楼呼叫下,当前电梯处于上行且已到二楼减速处,此时必须要减速,其他同理

符号	地址	注释
电梯上行	Q0.0	电动机正转
电梯下行	Q0.1	电动机反转
二楼要上	Q1.3	二楼呼叫了上行,灯亮
二楼要下	Q1.2	二楼呼叫了下行,灯亮
内呼四楼灯	M7.0	内呼了四楼,灯亮
内呼一楼灯	M7.3	内呼了一楼,灯亮
三楼要上	Q1.5	三楼呼叫了上行,灯亮
三楼要下	Q1.4	三楼呼叫了下行,灯亮
上二楼减速	I0.1	上行准备到二楼时的减速信号
上三楼减速	I0.3	上行准备到三楼时的减速信号
四楼要下	Q1.6	四楼呼叫了下行,灯亮
下二楼减速	I0.2	下行准备到二楼时的减速信号
下三楼减速	I0.4	下行准备到三楼时的减速信号
一楼要上	Q1.1	一楼呼叫了上行,灯亮

4)电梯轿厢开关门子程序如下。

电梯轿厢开关门控制程序

网络1 初始化

程序初始运行将 M8.1 置1

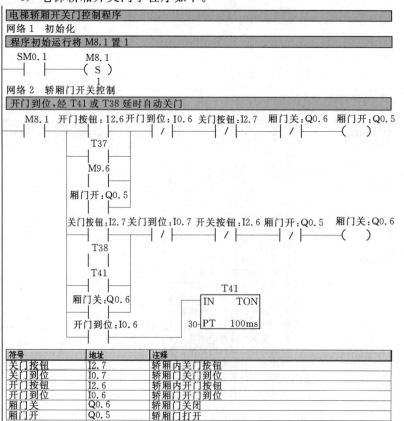

网络2 轿厢门开关控制

开门到位,经 T41 或 T38 延时自动关门

符号	地址	注释
关门按钮	I2.7	轿厢内关门按钮
关门到位	I0.7	轿厢门关门到位
开门按钮	I2.6	轿厢内开门按钮
开门到位	I0.6	轿厢门开门到位
厢门关	Q0.6	轿厢门关闭
厢门开	Q0.5	轿厢门打开

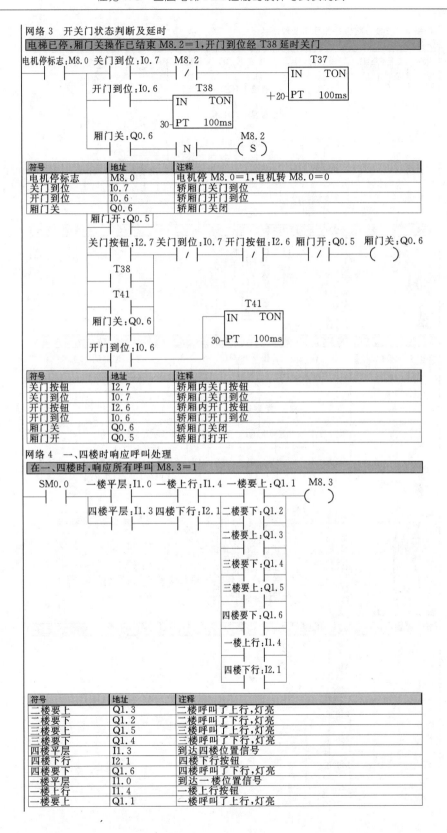

网络 3　开关门状态判断及延时

电梯已停，厢门关操作已结束 M8.2＝1，开门到位经 T38 延时关门

符号	地址	注释
电机停标志	M8.0	电机停 M8.0＝1，电机转 M8.0＝0
关门到位	I0.7	轿厢门关门到位
开门到位	I0.6	轿厢门开门到位
厢门关	Q0.6	轿厢门关闭

符号	地址	注释
关门按钮	I2.7	轿厢内关门按钮
关门到位	I0.7	轿厢门关门到位
开门按钮	I2.6	轿厢内开门按钮
开门到位	I0.6	轿厢门开门到位
厢门关	Q0.6	轿厢门关闭
厢门开	Q0.5	轿厢门打开

网络 4　一、四楼时响应呼叫处理

在一、四楼时，响应所有呼叫 M8.3＝1

符号	地址	注释
二楼要上	Q1.3	二楼呼叫了上行，灯亮
二楼要下	Q1.2	二楼呼叫了下行，灯亮
三楼要上	Q1.5	三楼呼叫了上行，灯亮
三楼要下	Q1.4	三楼呼叫了下行，灯亮
四楼平层	I1.3	到达四楼位置信号
四楼下行	I2.1	四楼下行按钮
四楼要下	Q1.6	四楼呼叫了下行，灯亮
一楼平层	I1.0	到达一楼位置信号
一楼上行	I1.4	一楼上行按钮
一楼要上	Q1.1	一楼呼叫了上行，灯亮

网络5 二楼时响应各种呼叫处理

在二楼时,响应二楼上及以上楼层呼叫M8.4=1;响应二楼下及一楼呼叫M8.5=1;仅响应二楼呼叫M10.4=1

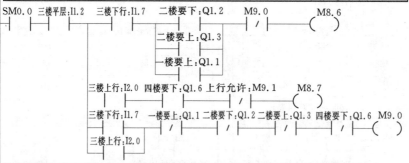

符号	地址	注释
二楼平层	I1.1	到达二楼位置信号
二楼上行	I1.6	二楼上行按钮
二楼下行	I1.5	二楼下行按钮
三楼要上	Q1.5	三楼呼叫了上行,灯亮
三楼要下	Q1.4	三楼呼叫了下行,灯亮
上行允许	M9.1	到一楼,或到二、三楼且没有下呼信号为0,允许上行
四楼要下	Q1.6	四楼呼叫了下行,灯亮
一楼要上	Q1.1	一楼呼叫了上行,灯亮

网络6 三楼时响应各种呼叫处理

在三楼时,响应三楼下及以下楼层呼叫M8.6=1;响应三楼上及四楼呼叫M8.7=1;仅有三楼呼叫时M9.0=1

符号	地址	注释
二楼要上	Q1.3	二楼呼叫了上行,灯亮
二楼要下	Q1.2	二楼呼叫了下行,灯亮
三楼平层	I1.2	到达三楼位置信号
三楼上行	I2.0	三楼上行按钮
三楼下行	I1.7	三楼下行按钮
上行允许	M9.1	到一楼,或到二、三楼且没有下呼信号为0,允许上行
四楼要下	Q1.6	四楼呼叫了下行,灯亮
一楼要上	Q1.1	一楼呼叫了上行,灯亮

网络7 呼叫响应总标志

当电梯响应任一呼叫时的总标志

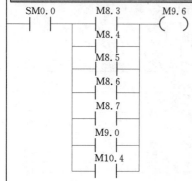

3. 电梯程序的调试

（1）分段仿真调试。按程序段进行分段调试，注意观察每一程序段是否满足每一种控制要求，如果不满足，则分段进行修改和完善，直到各段程序的仿真调试成功。

（2）完整程序仿真调试。根据控制要求，对完整程序进行仿真调试。如果每一控制要求均能满足控制要求，则仿真调试成功，可以进行模拟调试。完整程序仿真过程中，要特别注意各输入信号继电器的得电与断电顺序，否则即使程序正确，也得不到正确的调试效果，会增加很多修改和调试程序的工作量。因此，完整程序仿真调试之前，必须完全弄清楚电梯控制要求。

（3）电梯程序的模拟调试。程序仿真调试成功后，将程序从计算机传送到 PLC 主机上。进行外部接线后，根据电梯控制要求，逐步给出对应的输入信号，进行电梯程序的模拟调试。如果调试中各结果与设计要求相符，则说明调试成功，可进行实际现场调试。

7.3.2　西门子系列 PLC 的结构原理

S7-200 系列 PLC 是西门子公司新推出的一种小型 PLC。它以紧凑的结构、良好的扩展性、强大的指令功能、低廉的价格，已经成为当代各种小型控制工程的理想控制器。

S7-200 系列 PLC 包含了一个单独的 S7-200 CPU 和各种可选择的扩展模块，可以十分方便地组成不同规模的控制器。其控制规模可以从几点上到几百点。S7-200 系列 PLC 可以方便地组成 PLC-PLC 网络和微机-PLC 网络，从而完成规模更大工程的控制。

S7-200 系列 PLC 的编程软件 STEP7-Micro/WIN 可以方便地在 Windows 环境下对 PLC 编程、调试、监控，使得 PLC 的编程更加方便、快捷。可以说，S7-200 系列 PLC 可以完美地满足各种小规模控制系统的要求。

S7-200 系列 PLC 有四种 CPU，其性能差异较大。这些性能直接影响到 PLC 的控制规模和 PLC 系统的配置。

7.3.2.1　S7-200 的外部结构

目前 S7-200 系列 PLC 主要有 CPU221、CPU222、CPU224 和 CPU226 四种。档次最低的是 CPU221，其数字量输入点数有 6 点，数字量输出点数有 4 点，是控制规模最小的 PLC。档次最高的是 CPU226，集成了 24 点输入/16 点输出，共有 40 个数字量 I/O，可连接 7 个扩展模块，最大扩展至 248 点数字量 I/O 点或 35 路模拟量 I/O。

S7-200 系列 PLC 四种 CPU 的外部结构大体相同，如图 6-11 所示。

状态指示灯 LED 显示 CPU 所处的工作状态指示。

存储卡接口可以插入存储卡。

通信接口可以连接 RS-485 总线的通信电缆。

顶部端子盖下边为输出端子和 PLC 供电电源端子。输出端子的运行状态可以由顶部端子盖下方一排指示灯显示，ON 状态对应的指示灯亮。底部端子盖下边为输入端子和传感器电源端子。输入端子的运行状态可以由底部端子盖上方一排指示灯显示，ON 状态对应的指示灯亮。

前盖下面有运行、停止开关和接口模块插座。将开关拨向停止位置时，可编程序控制器处于停止状态，此时可以对其编写程序。将开关拨向运行位置时，可编程序控制器处于运行状态，此时可在 PC 机上用编程软件将其置于停止状态再对其编写程序。将开关拨向监控状态，可以运行程序，同时还可以监视程序运行的状态。接口插座用于连接扩展模块实现 I/O 扩展。

7.3.2.2　CPU221 的技术指标

CPU221 本机集成了 6 点输入和 4 点输出，共 10 个数字量 I/O 点，无扩展能力。CPU221 有 6K 字节程序和数据存储空间，4 个独立的 30kHz 高速计数器，2 路独立的 20kHz 高速脉冲输出，1 个 RS-485 通信/编程口。CPU221 具有 PPI 通信、MPI 通信和自由方式通信能力，非常适于小型数字量控制。

1. 主要技术指标

CPU221～CPU226 的主要技术指标见表 7-4。

表 7-4　　　　　　　　　　CPU221～CPU226 的主要技术指标

名　称		参数/类型			
		CPU221	CPU222	CPU224	CPU226
外形尺寸		90mm×80mm×62mm		120.5mm×80mm×62mm	196mm×80mm×62mm
存储器	程序存储器	2048 字		4096 字	
	用户数据存储器	1024 字		2560 字	
	存储器类型	EEPROM			
	存储卡	EEPROM			
	数据后备（超级电容）	50h		190h	
	编程语言	LAD，FBD 和 STL			
	程序组织存储器	一个组织块（可含子程序和中断程序）			
指令	布尔指令执行速度	0.37μs/指令			
	计数器/定时器	256/256			
	顺序控制继电器	256			
	基本运算指令	11 项			
	增强功能指令	8 项			
	FOR/NE XT 循环	有			
	整数运算（算术运算）	有			
	实数运算（算术运算）	有			
系统 I/O	本机 I/O	6 入/4 出	8 入/6 出	14 入/10 出	24 入/16 出
	扩展模块数量	无	2 个模块	7 个模块	
	数字量 I/O 映像区	256（128 入/128 出）			
	数字量 I/O 物理区	10（6 入/4 出）	78（40 入/38 出）	168（94/74）	248（128 入/120 出）
	模拟量 I/O 映像区	无	16 入/16 出	32 入/32 出	
	模拟量 I/O 物理区	无	10（8 入/2 出）或 4 出	35（28/7）或 14 出	

续表

名　　称		参数/类型			
		CPU221	CPU222	CPU224	CPU226
附加功能	内置高速计数器	4 个（30kHz）		6 个（30kHz）	
	内置模拟电位器	1 个（8 位分辨率）		2 个（8 位分辨率）	
	脉冲输出	2 个高速输出（20kHz）			
	通信中断	1 发送器/2 接收器			
	定时中断	2 个（1～255ms）			
	输入中断	4 个			
	实时时钟	有时钟卡		内置	
	口令保护	3 级口令保护			
通信接口		1 个 RS-485		2 个 RS-485	
		（可用作 PPI 接口、MPI 从站接口、自由口）			

2. CPU221 的接线

（1）DC 输入端。由 1M、I0.0～I0.3 为第 1 组，2M、I0.4、I0.5 为第 2 组，1M、2M 分别为各组的公共端。CPU221 DC/DC/DC 的接线如图 7-12 所示。24V DC 的负极接公共端 1M 或 2M，正极接输入开关的一端，输入开关的另一端连接到 CPU221 各输入端。

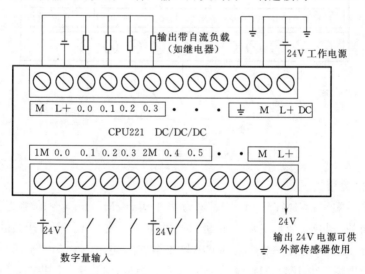

图 7-12 CPU221 DC/DC/DC 接线图

（2）DC 输出端。由 M、L+、Q0.0～Q0.3 组成，L+为公共端。DC 24V 的负极接 M 端，正极接 L+端。输出负载的一端接到 M 端，输出负载的另一端接到 CPU221 各输出端。由于 PLC 的类型为 DC/DC/DC（第一个 DC 说明 PLC 工作电源为直流电源 24V，第二个 DC 说明 PLC 的数字量输入为直流 24V，第三个 DC 说明 PLC 的输出为晶体管型，只能带直流负载且其电源为直流 24V），其输出带直流负载，同时要注意判别其是 NPN 型还是 PNP 型输出，以确定输出电源极性是否正确。

7.3.2.3　CPU222 的技术指标

CPU222 本机集成了 8 点输入/6 点输出共有 14 个数字量 I/O。可连接 2 个扩展模块，最大扩展至 78 点数字量 I/O 点或 10 路模拟量 I/O 点。CPU222 有 6K 字节程序和数据存贮空间，4 个独立的 30kHz 高速计数器，2 路独立的 20kHz 高速脉冲输出，具有 PID 控制器。它还配置了 1 个 RS-485 通信/编程口，具有 PPI 通信、MPI 通信和自由方式通信能力。CPU222 具有扩展能力、适应性更广泛的小型控制器。

1. CPU222 与 CPU221 技术指标的区别

CPU222 的技术指标及其与 CPU221 的区别见表 7-4，CPU222 AC/DC/DC 接线如图 7-13 所示。

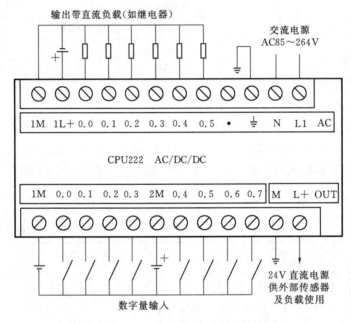

图 7-13　CPU222 AC/DC/DC 接线图

2. CPU222 的接线

（1）DC 输入端。由 1M、I0.0～I0.3 为第 1 组，2M、I0.4～I0.7 为第 2 组，1M、2M 分别为各组的公共端；24V DC 的正极接公共端 1M 或 2M；输入开关的一端接到 DC 24V 的负极，输入开关的另一端连接到 CPU222 各输入端。

（2）DC 输出端。由 1M、1L＋、Q0.0～Q0.5 组成，1L＋为公共端，DC 24V 的负极接 1M 端，正极接 1L＋端；输出负载的一端接到 1M 端，输出负载的另一端接到 CPU222 各输出端。

CPU222 AC/DC/DC 的接线如图 7-13 所示，其中"AC"指的是 PLC 工作电源为交流电 85～264V。

7.3.2.4　CPU224 的技术指标

CPU224 本机集成了 14 点输入/10 点输出，共有 24 个数字量 I/O。它可连接 7 个扩展模块，最大扩展至 168 点数字量 I/O 点或 35 路模拟量 I/O 点。CPU224 有 13K 字节程序和数据存储空间，6 个独立的 30kHz 高速计数器，2 路独立的 20kHz 高速脉冲输出，具有 PID 控制器。CPU224 配有 1 个 RS－485 通信/编程口，具有 PPI 通信、MPI 通信和自由方式通信能力，是具有较强控制能力的小型控制器。

1. CPU224 与 CPU221 技术指标的区别

CPU224 的技术指标及其与 CPU221 的区别见表 7－4，CPU224 AC/DC/RLY 接线如图 7－14 所示。

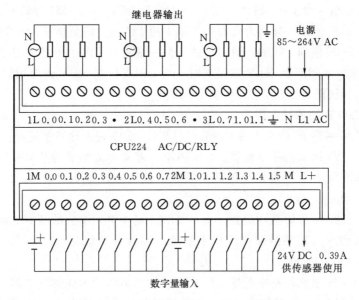

图 7－14　PLC224 AC/DC/RLY 接线图

2. CPU224 的接线

（1）DC 输入端。由 1M、I0.0～I0.7 为第 1 组，2M、I1.0～I1.5 为第 2 组，1M、2M 分别为各组的公共端。24V DC 的正极接公共端 1M 或 2M。输入开关的一端接到 DC 24V 的负极，输入开关的另一端连接到 CPU224 各输入端。

（2）RLY 输出端。由 1L、Q0.0～Q0.3 为第 1 组，2L、Q0.4～Q0.6 为第 2 组，3L、Q0.7～Q1.1 为第 3 组组成。1L、2L、3L 为 3 组输出的公共端。因为是 RLY（继电器）型输出，其可驱动交流或直流负载，RLY 的输出端可根据负载的电源类型，将 1L、2L、3L 接至电源的一端，电源的另一端经负载后接至 PLC 的输出端 Q 的对应端口。

由于 RLY 型输出的接点容量为 2A、AC220V 或 DC30V，在使用过程中要注意接点的容量以免损坏 PLC 的输出接口。

7.3.2.5　CPU226 的技术指标

CPU226 集成了 24 点输入/16 点输出共有 40 个数字量 I/O。可连接 7 个扩展模块，最大扩展至 248 点数字量 I/O 点或 35 路模拟量 I/O。CPU226 有 13K 字节程序和数据存贮空间，6 个独立的 30kHz 高速计数器，2 路独立的 20kHz 高速脉冲输出，具有 PID 控制器。CPU226 配有 2 个 RS－485 通信/编程口，具有 PPI 通信、MPI 通信和自由方式通信能力。用于较高要求的中小型控制系统。

1. CPU226 与 CPU221 技术指标的区别

CPU226 的技术指标及其与 CPU221 的区别见表 7 - 4。

2. CPU226 的接线

(1) DC 输入端。由 1M、I0.0~I1.4 为第 1 组，2M、I1.5~I2.7 为第 2 组，1M、2M 分别为各组的公共端。DC 24V 的负极接公共端 1M 或 2M。输入开关的一端接到 DC 24V 的正极，输入开关的另一端连接到 CPU226 各输入端。

(2) DC 输出端。由 1M、1L+、Q0.0~Q0.7 为第 1 组，2M、2L+、Q1.0~Q1.7 为第 2 组组成。1L+、2L+ 分别为公共端。第 1 组 DC 24V 的负极接 1M 端，正极接 1L+ 端。输出负载的一端接到 1M 端，输出负载的另一端接到 CPU226 各输出端。第 2 组的接线与第 1 组相似。如 PLC 为 RLY 型输出时，与 CPU224 的 RLY 输出相似。

CPU226 的接线图参阅图 7 - 12~图 7 - 14。

7.3.2.6　S7 - 200 系列的基本配置

因为 S7 - 200 系列 PLC 有 4 种 CPU，所以 S7 - 200 有 4 种基本配置。

(1) 由 CPU221 组成的基本配置。由 CPU221 基本单元组成的基本配置可以组成 1 个 6 点数字量输入和 4 点数字量输出的最小系统。输入点地址为：I0.0、I0.1、…、I0.5；输出点地址为：Q0.0、Q0.1、…、Q0.3。

(2) 由 CPU222 组成的基本配置。由 CPU222 基本单元组成的基本配置可以组成 1 个 8 点数字量输入和 6 点数字量输出的较小系统。输入点地址为：I0.0、I0.1、…、I0.7；输出点地址为：Q0.0、Q0.1、…、Q0.5。

(3) 由 CPU224 组成的基本配置。由 CPU224 基本单元组成的基本配置可以组成 1 个 14 点数字量输入和 10 点数字量输出的小型系统。输入点地址为：I0.0、I0.1、…、I0.7、I1.0、I1.1、…、I1.5；输出点地址为：Q0.0、Q0.1、…、Q0.7、Q1.0、Q1.1。

(4) 由 CPU226 组成的基本配置。由 CPU226 基本单元组成的基本配置可以组成 1 个 24 点数字量输入和 16 点数字量输出的小型系统。输入点地址为：I0.0、I0.1、…、I0.7、I1.0、I1.1、…、I1.7、I2.0、I2.1、…、I2.7；输出点地址为：Q0.0、Q0.1、…、Q0.7、Q1.0、Q1.1、…、Q1.7。

除 CPU221 外，其他三种 CPU 均可根据现场控制的需要，在有限的范围内扩展以下模块：①数字量输入模块 EM221；②数字量输出模块 EM222；③数字量输入/输出模块 EM223；④模拟量或热电阻、热电偶输入模块 EM231；⑤模拟量输出模块 EM232；⑥模拟量输入/输出模块 EM235；⑦调制解调器模块 EM241；⑧定位模块 EM235；⑨通信模块 PROFIBUS - DP；⑩以太网模块 CP243 - 1。

项目 8 机电一体化控制系统设计与安装调试

【教学目标要求】

知识目标：了解单片机、PLC 在智能控制、工业生产及日常生活等方面的实际应用知识，掌握单片机、PLC 的综合知识，熟悉单片机与 PLC 在控制领域的有机结合。

技能目标：单片机应用系统的制作，PLC 综合应用系统的安装与调试，单片机与 PLC 联合控制系统电路的设计与连接，单片机与 PLC 在实际控制系统中的综合运用。

任务 8.1 机器人小车设计与安装调试

知识目标	单片机系统的应用、电动机的控制、应用程序的设计
技能目标	单片机应用系统的操作、控制
使用设备	机器人小车、PC
实训要求	编写程序，控制机器人小车按照一定的方式运动
实训拓展	利用单片机编程，实现机器人小车画圆
实训报告	报告的格式和主要内容见附录，同时注意对实训拓展作较详细的说明

随着科学技术的发展及单片机的广泛应用，机器系统正不断地向智能化发展。将单片机应用于模型小车中，可实现小车对环境的感知、行为的控制等的智能化功能，就像机器人一样既可以接受人类指挥，又可以运行预先编排的程序，也可以根据以人工智能技术制定的原则纲领行动。这样的小车我们也将它称为机器人小车。

8.1.1 机器人小车应用训练

1. 训练要求

（1）熟悉单片机系统的使用。

（2）掌握用单片机实现对电动机的控制。

（3）掌握使用单片机处理传感器的输入信号。

2. 操作注意事项

（1）接入外部电源时注意极性，不要接反。

（2）接入控制信号线时，注意控制板上接口的正确连接。

3. 电路原理图

机器人小车电路如图 8-1 所示。

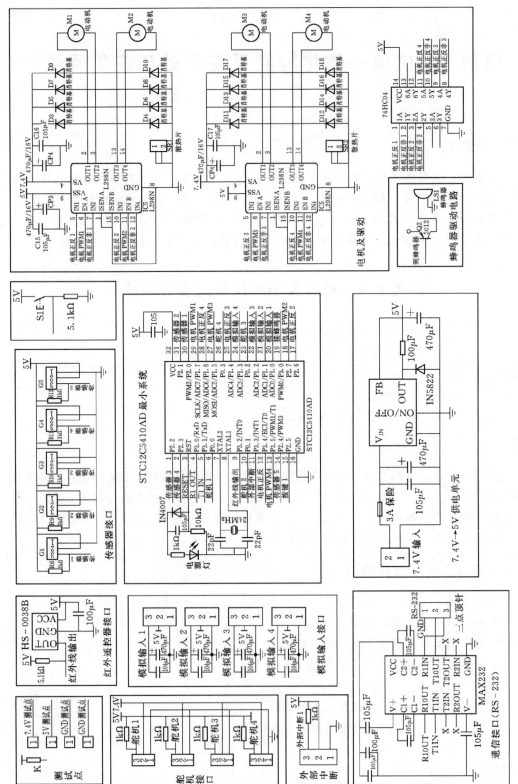

图 8-1 机器人小车电路图

4. 控制要求

利用单片机，编写程序，控制机器人小车按照一定的方式运动。

5. 程序设计

```
// 函数原型:void test(void)
// 函数名称:测试电动机正反转
// 功    能:
// 参    数:无
// 返 回 值:无
// ------------------------------------------------------------------------------------------------------
void test(void)
{
    g1_chuangan = 1;                    //传感器端口置1
    g2_chuangan = 1;
/*  Delay1000ms();                      //延时一段时间
    fengming = 1;                       //关闭蜂鸣器
    g1_chuangan = 1;                    //传感器端口置1
    g2_chuangan = 1;
    m1_qiting = TING;                   //所有电动机停止运行
    m2_qiting = TING;
    m3_qiting = TING;
    m4_qiting = TING;
    m1_fangxiang = FAN;                 //M1f 反转
    m2_fangxiang = ZHENG;
    m3_fangxiang = ZHENG;               //M3 正转
    m4_fangxiang = ZHENG;
    m1_yundongzhi = 60;
    m3_yundongzhi = 60; */
// while(1)
//{
        if(g1_chuangan == 0)            //如果处在黑线上则是 0
        {
            if(g2_chuangan == 0)        //如果处在黑线上则是 0
            {
                m1_fangxiang = FAN;     //M1 反转
                m3_fangxiang = ZHENG;   //M3 正转
                m1_yundongzhi = 50;
                m3_yundongzhi = 50;
            }
            else
            {
                m1_fangxiang = FAN;
                m3_fangxiang = FAN;
                m1_yundongzhi = 0;
                m3_yundongzhi = 90;
```

```
        }
    }
    else
    {   if(g2_chuangan == 0)          //如果处在黑线上则是 0
        {
            m1_fangxiang = ZHENG;
            m3_fangxiang = ZHENG;
            m1_yundongzhi = 90;
            m3_yundongzhi = 0;
        }
        else
        {
            m1_fangxiang = FAN;        //M1 反转
            m3_fangxiang = ZHENG;      //M3 正转
            m1_yundongzhi = 60;
            m3_yundongzhi = 60;
        }
    }
    //}
}


// 函数原型:void main(void)
// 函数名称:主函数(Main Functions)
// 功      能:启动芯片,程序运行起点(Running start)
// 参      数:无
// 返 回 值:无
// ---------------------------------------------------------------------------------------------
void main(void)
{
    uchar zheng = 0xFF;
uchar zhuanhuan=0x00;
    initial_mcu();                    //初始化单片机(Initialization MCU)
    fengming = 0;                     //上电后蜂鸣器短响一声
    Delay1000ms();
    fengming = 1;
    init_inf();                       //初始化红外线相关变量
    while(1)
    {
        if(inf_array[1] ! = zheng)    //如果不等于 FF 则说明有新的按键按下
        {
            m1_qiting = TING;         //所有电动机停止运行
            m2_qiting = TING;
            m3_qiting = TING;
            m4_qiting = TING;
            IE = IE & 0xFE;           //首先关中断
```

```
      fengming = 0;              //短响一声
      Delay1000ms();
      fengming = 1;
      if(inf_array[1]==14)       //切换键被按下
  {
  zhuanhuan ++;
      IE = IE | 0x81;            //开中断
      inf_array[1]=0xFF;         //使状态归零
}
   if((zhuanhuan & 0x01)==0x00)//说明切换键按下的次数为偶数,为遥控模式
{
   ET0=0;                        //关闭定时器 T0,避免 PWM 信号产生的干扰
      switch(inf_array[1])
      {
         case 20:    m1_fangxiang = FAN;       //前进
                     m1_qiting = QI;
                     m3_fangxiang = ZHENG;
                     m3_qiting = QI;
                     break;
         case 21:    m1_fangxiang = ZHENG;     //左转
                     m1_qiting = QI;
                     m3_fangxiang = ZHENG;
                     m3_qiting = QI;
                     break;
         case 22:    m1_fangxiang = FAN;       //停止
                     m1_qiting = TING;
                     m3_fangxiang = FAN;
                     m3_qiting = TING;
                     break;
         case 23:    m1_fangxiang = FAN;       //右转
                     m1_qiting = QI;
                     m3_fangxiang = FAN;
                     m3_qiting = QI;
                     break;
         case 24:    m1_fangxiang = ZHENG;     //后退
                     m1_qiting = QI;
                     m3_fangxiang = FAN;
                     m3_qiting = QI;
                     break;
         default:    m1_qiting = TING;//按其他键也让小车停止运行
                     m3_qiting = TING;
                     break;
      }
   IE = IE | 0x81;               //开中断
      inf_array[1]=0xFF;         //使状态归零
```

```
    }
    }
if((zhuanhuan & 0x01)==0x01)          //说明切换键按下的次数为奇数,为巡迹模式
{
    ET0=1;                            //开定时器 T0,产生 PWM 信号
    test();                           //调取函数:测试电动机正、反转
}
    }
}
```

6. 操作步骤

（1）按照机器人小车运动的需要，接好连线，注意控制板上接口的正确连接。

（2）用 Keil C51 编辑 C 语言或汇编语言源程序，通过编译生成 .hex 文件，由下载线接口将 .hex 文件烧录到单片机中。

（3）运行程序，如果程序正确，系统通电后，就可看到机器人小车按照用户的要求进行运动。

8.1.2　小车控制系统板

本任务的机器人小车，能够按照规定路线移动，并能够按照程序设定进行相应的动作。这主要是由一个控制板完成控制，图 8-2 所示为机器人小车控制面板。

图 8-2　机器人小车控制板

控制板中用到了 STC12C5410AD 单片机，此芯片速度快，编程方便，这样能使开发方式更加灵活，效率可以大幅度提高。控制面板中，主要还有电动机接口（可同时接四个电动机）；电机驱动芯片（两颗）；蜂鸣器，提供警报信号；模拟信号接口，接到单片机 A/D 口；按键；外部中断接口；舵机接口，可以用来控制舵机；编程口，用来为单片机烧录程序；传感器接口；红外线接收器；5V、7.4V 供电接口供电输出。

此控制板设计了丰富的外部资源，简单的操作就可以给芯片编程，并为用户开发了做成子函数或者子程序的 C 语言底层程序。可以通过编制程序去驱动机器人小车，并感受它带来的乐趣。

8.1.2.1　电动机驱动电路模块

1. 电路设计

小车运动的动力来自电动机。这里使用 L298N 作为驱动芯片，如图 8-3 所示。

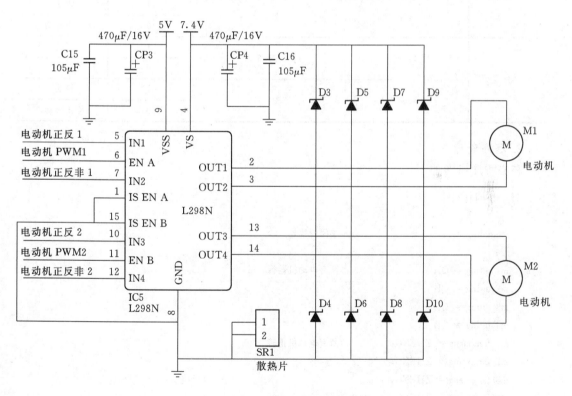

图 8-3　电动机驱动模块接线图

电动机驱动模块可以控制四个电动机，每个电动机有正、反转和起停信号。所以，控制端一共就是 8 个。四个电动机的信号功能和来源详见表 8-1。电机与 L298N 芯片的连接如图 8-3 所示。图 8-3 中只给出了电动机 1 和电动机 2 的接线图，另外两个电动机接到另一块 L298N 芯片 IC6 上，电路与图 8-3 相同。

表 8-1　　　　　　　　　　　　电动机运动和控制信号关系表

电动机编号	电动机运动状态	单片机控制信号输出口	控制信号	电动机运动
M1	转动	P3.4	1	正转
			0	反转
	起停	P3.5	1	转动
			0	停止转动
M2	转动	P2.6	1	正转
			0	反转
	起停	P2.7	1	转动
			0	停止转动
M3	转动	P1.4	1	正转
			0	反转
	起停	P1.5	1	转动
			0	停止转动
M4	转动	P1.6	1	正转
			0	反转
	起停	P1.7	1	转动
			0	停止转动

2. 程序设计

核心程序参考如下：

```
void test(void)
{
    fengming = 1;              //关闭蜂鸣器

    m1_qiting = QI;            //所有电动机运行
    m2_qiting = QI;
    m3_qiting = QI;
    m4_qiting = QI;
    m1_fangxiang = ZHENG;      //所有电动机正转
    m2_fangxiang = ZHENG;
    m3_fangxiang = ZHENG;
    m4_fangxiang = ZHENG;
        while(1)
    {
    Delay1000ms();
    m1_fangxiang = FAN;        //所有电动机反转
    m2_fangxiang = FAN;
    m3_fangxiang = FAN;
    m4_fangxiang = FAN;
```

```
        Delay1000ms();
    m1_fangxiang = ZHENG;      //所有电动机正转
    m2_fangxiang = ZHENG;
    m3_fangxiang = ZHENG;
    m4_fangxiang = ZHENG;
    }
}
```

从程序中可以看出，在一个循环体中，使用延时实现电动机进行正、反转。其中在循环体的开始，我们使电动机开始运行，并且关闭蜂鸣器。

8.1.2.2　蜂鸣器驱动电路模块

1. 电路设计

这里使用 PNP 型的晶体管作为蜂鸣器的驱动管，如图 8-4 所示。当信号端给低电平时，晶体管导通，蜂鸣器接通电源，蜂鸣器响。如果信号端给高电平，则晶体管截止，蜂鸣器不响。

单片机控制蜂鸣器的口是 P3.7。

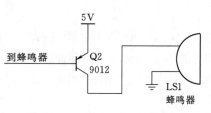

图 8-4　蜂鸣器驱动电路

2. 程序设计

参考程序如下：

```
void test(void)
{
    fengming = 1;              //蜂鸣器关闭

    while(1)
    {
        Delay1000ms();          //延时
          fengming = 0;          //蜂鸣器打开(负逻辑)
        Delay1000ms();          //延时
        fengming = 1;          //蜂鸣器关闭
    }
}
```

由程序不难看出与电动机测试相同的程序框架，只是将控制对象从电动机正、反转，变成了蜂鸣器的响与不响。

8.1.2.3　传感器接口电路模块

本任务中的传感器接口，主要是为了输入或者输出数字信号而用的。在每一路上，都加入了上拉电阻。其电路如图 8-5 所示。

传感器接口的信号都是接到单片机的普通 I/O 口上。可以将按键信号当成数字 I/O 信号，当要检测 I/O 口的高低电平时，就在程序中先置口为一，然后读取此端口便可。具体程序请参见说明书。

8.1.2.4　程序烧录

将程序烧录入 STC12C5410AD 单片机，单片机应用系统才能工作。对于

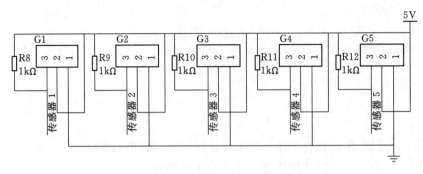

图 8 - 5　传感器接口电路

STC12C5410AD 单片机烧录程序，其方法与对 AT89S52 单片机是一样的。首先用 Keil C51 软件完成源程序的编译，生成 . Hex 文件，由 STC 下载线将 PC 的与单片机的 RXD 和 TXD 相连接，运行利用串口，运行 STC - ISP - V3.91 烧录软件就可完成程序的烧录。

任务 8.2　四层电梯并联控制系统设计与安装调试

知识目标	电梯控制系统的工作原理，并联电梯控制系统的基本原理，单片机与 PLC 控制系统综合运用知识，单片机与 PLC 的通信知识，单片机与 PLC 编程指令的综合应用
技能目标	单片机与 PLC 联合控制系统电路的设计与连接，单片机控制系统与 PLC 控制系统的综合运用能力
使用设备	PLC 实验台（两台）、PC、MCS - 51 单片机最小控制系统、三相异步交流电机（两台）、万用表、导线、螺钉旋具（含一字、十字）、剥线钳、剪线钳、尖嘴钳、验电器、电胶带等
实训要求	合理选择相关元件配置电机 PLC 与单片机最小系统的之间硬件接线，设计一个基于单片机的四层电梯并联控制系统：由单片机协调两部四层电梯的智能运行
实训拓展	用第 3 个 PLC 作为协调机，协调 A、B 两部电梯的运行
实训报告	报告的格式和主要内容见附录，同时注意对实训拓展作较详细的说明

8.2.1　四层电梯并联控制系统制作

1. 训练要求

（1）掌握用 PLC 控制三相交流异步电动机工作。

（2）掌握用单片机控制系统协调两台 PLC 协同工作的控制技术，协调两部四层电梯的智能运行。

2. 操作注意事项

（1）注意单片机系统、PLC 的电源规格，不要接错电源损坏 PLC 或单片机系统板。

（2）注意三相交流电动机的电源规格，用电源须经过带漏电保护的低压断路器。

（3）不允许带电安装元器件或连接导线，断开电源后才能进行接线操作。通电检查和运行时必须通知指导教师，在有指导教师现场监护的情况下才能接通电源。

3. 电路原理图

四层电梯并联控制系统的原理如图 8-6 所示。

4. 控制要求

（1）合理选择相关元件配置电动机 PLC 与单片机最小系统的之间硬件接线。

（2）设计一个基于单片机的四层电梯并联控制系统：由单片机协调两部四层电梯的智能运行。

5. 程序设计

A、B 两部电梯控制系统程序设计可参考项目 7 的四层电梯控制系统程序。因此本任务

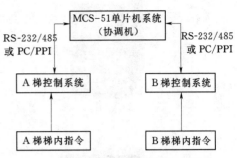

图 8-6　并联电梯控制系统框图

中程序的设计任务在于协调机程序的设计与编写。协调机程序的功能是：采集 A、B 两梯当前的运行方向和位置信息、当前的运行状态（如启动、全速、减速、开门等）信息、当前梯内指令的数量及楼层信息，并根据这些信息进行逻辑运算分析，然后向 A、B 两台电梯分配或撤销楼层召唤。另外，协调机程序还必须具备定时检测 A、B 两台电梯是否正常工作、通信校验的功能。

6. 操作步骤

（1）系统设计方案。采用 MCS-51 单片机作为协调机的并联电梯控制系统如图 8-6 所示。由协调机协调控制两部四层电梯的运行，而其中单部电梯的控制系统则可以借鉴项目 7 中的四层电梯控制系统。

（2）控制系统的外部接线。两部电梯的控制系统外部接线可参考项目 7 中的四层电梯控制系统的外部接线。而单片机与电梯之间的连线则可采用 PC/PPI 通信电缆或 RS-232/485 通信电缆。

（3）制定通信协议。硬件连接好后最为关键的环节是通信协议的设置，即协调机 A、B 两梯控制系统之间的通信协议的建立。该任务中通信协议应包括：①A、B 两台电梯向协调机提供当前的运行方向和位置；②A、B 两台电梯向协调机提供当前的运行状态（如启动、全速、减速、开门等）；③A、B 两台电梯向协调机提供当前梯内指令的数量及楼层；④协调机向 A、B 两台电梯分配或撤销楼层召唤；⑤协调机定时检测 A、B 两台电梯是否正常工作；⑥奇偶校验多机通信的地址匹配检查。

（4）设计单片机控制程序运行调试。

8.2.2　电梯运行控制

1. 电梯的控制系统

电梯的控制系统从性质上可以分为两个方面：一是电梯驱动系统的控制，二是电梯逻辑功能控制。控制装置一般采用电梯专用控制板。电梯的调速装置一般选用高性能矢量控制变频器，配以旋转编码器测量曳引电动机的转速，从而构成电动机的闭环矢量控制系统，实现曳引电动机的交流变频调速运行，如图 8-7 所示。

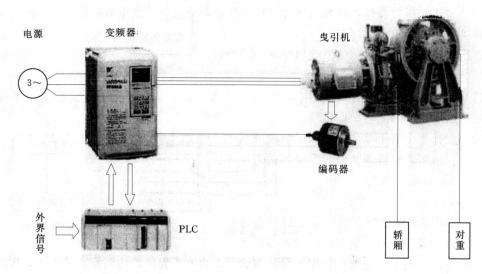

图 8 - 7　电梯的控制系统

系统中，首先接收来自电梯的呼梯信号、轿内指令信号、平层信号，然后根据这些输入信号的状态，通过控制程序，对各种信号的逻辑关系有序地进行处理，最后向自动开关门电动机、变频器和各类显示装置适时地发出各种控制信号，对电梯实施控制。

在电梯控制系统中，由于电梯的控制属于随机性控制，各种输入信号之间、输出信号之间以及输入信号和输出信号之间的关联性很强，逻辑关系处理起来非常复杂，这就给PLC 的编程带来很大难度。从某种意义上来说，PLC 编程水平的高低决定着整个系统运行质量的好坏。因此，PLC 的程序设计就成为整个电梯系统的关键，同时也是系统设计的一个重点。

2. 电梯的调度

在一栋大楼内电梯的配置数量是根据大楼内人员的流量及其在某一短时间内疏散乘客的要求和缩短乘客等候电梯的时间等各方面因素即交通分析所决定的。这样在电梯的控制系统中就必须考虑到如何提高电梯群组运行效率的问题。

如果多台电梯均各自独立运行的话，不能提高电梯群的运行效率，也将白白浪费能源。例如，当某一大楼内并排设置了两台电梯均各自独立运行包括应答厅外召唤信号，则当某一层有乘客需要下至底层而触按了两台电梯在这一层的两个向下召唤按钮，则很有可能是来两台电梯均会同时应答而来到这一层。此时可能其中一台先行把乘客接走，而另一台后到，已无乘客，却使该电梯空运行一次。又如，有两个邻层的向上召唤信号，本来可由其中一台电梯顺向应答停靠即可，但如果两台电梯均应答这两向上召唤信号，则另一台电梯也会因为此层有召唤信号而停车。所以在并排设置两台或两台以上的电梯时，在电梯控制系统中必须考虑电梯的合理调度问题。

从逻辑控制角度看，这种合理调配电梯运行的方法可以按其调配功能的强弱分为并联控制和群控两大类。

并联控制就是两台电梯共享厅外召唤信号，并能够按照预先设定的调配原则自动地调配某台电梯去应答厅外召唤信号。

群控就是电梯群组除了共享厅外召唤信号外，还能够根据厅外召唤信号的多少和电梯每次运行的负载情况而自动合理地调配各个电梯，使电梯群组处于最佳的服务状态，其调度原则的复杂程度要远远高于双梯并联。

无论是两台电梯的并联还是电梯群组的群控，其最终目的是把对应于某一层楼召唤信号的电梯应该运行的方向信号合理地分配给梯群组中最有利的一台电梯。

3. 并联调度原则

电梯并联控制原理是按照预先设定的调配原则，自动调配某台电梯去应答某层的厅外召唤信号。这里以两台电梯并联控制为例，说明传统的电梯并联调度原则。

（1）基站与自由站原则：正常情况下，一台电梯在基站待命，作为基梯。另一台停留在最后停靠的楼层。此梯称为自由梯或忙梯。某层有召唤信号，则自由梯立即定向运行去接乘客。

（2）先到先行原则：两台电梯因轿内指令而先后到达基站后关门待命时，应执行"先到先行"的原则。如果上方出现召唤信号，则基梯响应运行。

（3）同向优先原则：当 A 梯正在上行时，如果其上方出现任何方向的召唤信号，则由 A 梯的一周行程中去完成，而在基站的 B 梯留在基站不予应答；此时，如果在 A 梯的下方出现任何方向的召唤信号，则基梯 B 应答该信号而发车。当 A 梯正在下行时，其上方出现任何方向的召唤信号，则在基站的 B 梯应答信号而发车上行；但如果 A 梯的下方出现向上的召唤信号，则 B 梯不应答。

（4）繁忙转移原则：如果 A 梯正在运行，其他各楼层的厅外召唤信号又很多，但在基站的 B 梯又不具备发车条件，而经过 30～60s 后，召唤信号仍存在，尚未消除，则通过延误时间继电器而令 B 梯出车；如由于电梯门锁等故障而不能运行时，则再经过 30～60s 的时间延误后，令 B 梯发车运行。

（5）故障独立原则：其中一台电梯故障或者两台控制器之间通信故障时，进入单梯独立运行状态。

传统电梯并联调度原理如图 8-8 所示。

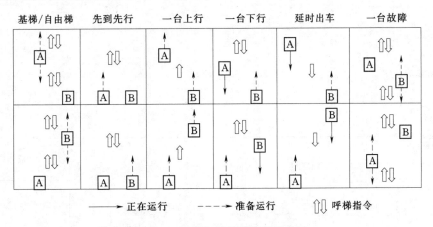

图 8-8　传统电梯并联调度原理图

附录 《机电一体化技术应用》课程实训报告

任务序号：　　　　　　　　任务名称：　　　　　　　　分组号：

班　级		姓　名		学　号	
实训地点		任课教师		时　间	

一、实训要求

二、使用设备

三、内容与步骤

四、控制电路图及控制程序

五、结果分析

六、过程总结

七、教师评语	成　绩
签名： 日期：	

186

参 考 文 献

[1] 刘燎原．基于 Proteus 的单片机项目实践教程 ［M］．北京：电子工业出版社，2012.
[2] 陶权．PLC 控制系统设计、安装与调试 ［M］．北京：北京理工大学出版社，2011.
[3] 彭伟．单片机 C 语言程序设计实训 100 例 ［M］．北京：电子工业出版社，2009.
[4] 张伟林．电气控制与 PLC 综合应用技术 ［M］．北京：人民邮电出版社，2009.
[5] 王红．可编程控制器使用教程 ［M］．2 版．北京：电子工业出版社，2007.
[6] 浙江亚龙教育装备股份有限公司．单片机实训与开发系统实验指导书．2007.